U0336580

矿山安全检测技术实务

朱龙辉　著

北京工业大学出版社

图书在版编目（CIP）数据

矿山安全检测技术实务 / 朱龙辉著. — 北京 ：北京工业大学出版社， 2021.10重印
　ISBN 978-7-5639-6482-6

　Ⅰ．①矿… Ⅱ．①朱… Ⅲ．①矿山安全－检测 Ⅳ.①TD7

中国版本图书馆CIP数据核字（2019）第019507号

矿山安全检测技术实务

著　　者：朱龙辉
责任编辑：刘亚茹
封面设计：点墨轩阁
出版发行：北京工业大学出版社
　　　　　（北京市朝阳区平乐园100号　邮编：100124）
　　　　　010-67391722（传真）　bgdcbs@sina.com
经销单位：全国各地新华书店
承印单位：三河市元兴印务有限公司
开　　本：787毫米×1092毫米　1/16
印　　张：8.5
字　　数：170千字
版　　次：2021年10月第1版
印　　次：2021年10月第2次印刷
标准书号：ISBN 978-7-5639-6482-6
定　　价：35.00元

前　言

　　安全检查的关键在于发现隐患，堵塞漏洞。安全检查的内容概括为查思想、查管理、查制度、查现场、查隐患、查事故处理。其中，以查现场和查隐患为主。检查方式主要为有领导有组织的自查、互查、专业查和发动群众查。对查出的问题应采取定人员（何人负责，哪些人参加）、定措施（技术及管理措施）、定时间（对关键性的、紧急的安全问题要及时解决，对因为经费、技术条件一时难以解决的问题，要纳入措施计划限期解决）处理的办法，并且要将检查出的问题，公布于众，以便发动群众督促解决这些问题。特别值得强调的是：事故原因分析不清，不放过；事故的责任者和群众没有受到教育，不放过；没有防范措施，不放过。在煤矿监控系统中，开关量检测的地位和比重随着生产自动化水平的提高而提高，其在工况、生产监控方面发挥着十分重要的作用。煤矿监控系统采用的开关量传感器主要有设备开停，风门开闭，馈电开关状态，风筒开关，温度、湿度控制，有烟无烟，电流、电压控制等。要保证监控系统的正常运行，必须加强对开关量的检测。

　　采矿工业是工业生产所需原材料和能源的基础工业，在实现四个现代化建设的进程中，与其他工业部门比较占有极其重要的地位，矿山生产中的安全问题，历来就很突出。因为，在生产过程中会产生各种有毒有害气体、放射性物质、粉尘、废水、废渣、噪声、振动等公害，以及水、火、爆炸、冒顶等灾害及设备事故。据统计，矿山企业发生的安全事故常常居各工业部门的首位。如果不重视安全生产、劳动保护和矿井环境的治理，就会使矿山安全事故和职业病显著增加，严重威胁人们的健康和生产安全，甚至使国家资源遭到破坏。因此，矿山安全生产是我国的基本政策。

作　者

2018年10月

目录

第一章 矿山安全检测内容及方法

第一节　检测内容与方法

一、检测内容

矿山安全检测的主要内容包括：对井下甲烷、一氧化碳、氧气等气体浓度的检测；对风速、风量、气压、温度、粉尘浓度等环境参数的检测；对生产设备运行状态的监测、监控等。

二、检测方法。

矿井通风阻力测定的方法一般有以下3种：精密压差计和皮托管测定法、恒温压差计测定法、空盒气压计测定法。

热电偶、热电阻原理在工业（地面）上早已得到广泛应用；半导体PN结原理在−100～+100 ℃的应用也很成功，煤矿井下应用较多。

火灾是煤矿重大灾害之一。因此装备防灭火装置，加强火灾监测，防止火灾事故，对保障煤矿安全具有重要意义。而烟雾检测是火灾检测的重要内容。

第二节　检测仪表及传感器

检测仪表可以是机械式、化学式、光学式、电子式等装置。例如，U形压差计、机械风表、化学试纸、光干瓦斯检测仪等。但传感器一般都是电子式的，即将物理量变换成电信号后方能记录并传输。

一、主要携带式测量仪表类型

主要携带式测量仪表类型有：①光干涉瓦斯检定器，主要用于检测甲烷和二氧化碳，检测范围为0～10%、0～40%和0～100%；②热催化瓦斯检测报警仪，主要检测低浓度甲烷，检测范围为0～5%；③智能式瓦斯检测记录仪，主要检测甲烷浓度，实现0～99%的全量程测量，该仪器能自动修正误差。

二、主要矿用传感器类型

目前国内矿用传感器主要采用12～24 VDC（direct current，直流电）供电，其通常都具有连续自动将待测物理量转换成标准电信号输送给关联设备，并提供就地显示、超限报警等功能，有的还具有遥控调校、断电控制、故障自校自检等功能［如煤炭科学研究总院（简称煤科总院）重庆分院生产的系列传感器］。传感器模拟量输出信号通常采用200～1000 Hz、1～5 mA标准信号，开关量输出为1 mA／5 mA（二线制），±5 mA、0 V／5 V（四线制）等标准信号。传感器信号输送距离一般不小于1 km。

传感器主要有以下类型。

（1）智能低浓度甲烷传感器，稳定性指标为1～3周，元件使用寿命为1～1.5年，测量范围为0～10.0%。

（2）智能高低浓度甲烷传感器，与智能低浓度甲烷传感器相比，增加了热导式高浓度甲烷敏感元件（简称热导元件）。甲烷浓度低时仍采用热催化元件，甲烷浓度超过4%时自动切换到热导元件输出，此时切断热催化元件工作电源，以此达到保护热催化元件免受高浓度甲烷冲击中毒事件发生。该传感器测量范围为0～40.0%。

（3）一氧化碳传感器，检测范围为0～999×10^{-6}，敏感元件寿命不小于2年。

（4）风速传感器，主要安装在测风站、进回风巷和采区工作面等，监测井巷风速风向。测量范围一般为0.3～15 m/s。

（5）电气设备开停传感器，主要用于监测煤矿井下供电电流大于5 A的各种机电设备的开停状况。

（6）馈电传感器，主要监测动力电缆电源是否被切断，其配合断电器使用，能及时反馈断电器是否确已有效实施断电功能。

第三节 矿山安全检测的质量控制对策

矿山安全检测是指依据国家相应技术标准，借助传感器、探测设备和其他相关仪器迅速而准确地掌握矿山生产系统与作业环境中危险因素与有毒因素的类型、危害程度、范围及动态变化的一种手段。其目的是对矿山员工职业健康安全状态进行评价、对矿山安全技术及设施进行监督、对矿山安全技术措施的效果进行评价，使矿山生产过程按预定的指标运行，避免和控制因受意外的干扰或波动而偏离正常运行状态并产生故障或事故，从而达到改善矿山劳动作业条件，改进矿山生产工艺过程，控制矿山事故发生的目的。因此可以说，矿山安全检测是矿山安全管理的"眼睛和耳朵"。由于矿山安全检测的环节多、成分复杂，而检测结果必须具有准确性和可比性，因此这就要求从采样到报告结果的整个检测过程中，必须遵循一个科学的安全检测质量保证程序，否则会因为检测人员的技术水平、仪器设备、环境条件及使用方法的差异，造成测定结果与实际情况不符或存在较大偏差，给矿山安全管理工作带来误导，这样不仅造成大量人力、物力、财力的浪费，甚至还间接造成危害事故或人员伤亡。实践证明，各种类型和规模的组织都可以依据ISO①9000族标准，通过建立和实施质量管理体系来提升企业的质量管理水平，同样，作为矿山安全检测的机构或部门也建立了自己的质量管理体系，所以从当前的情况来看，不是有没有质量管理体系的问题，而是如何正确建立质量管理体系和有效运行该体系的问题。

矿山安全检测的质量控制应该从保证检测人员的素质和技术水平、具备性能完好的检测设备、使用质量合格的玻璃器皿和试剂、选择成熟可靠的检测方法、建立完善的管理制度、及时准确的过程控制等方面入手，才能保证检测结果的可靠性。通过几年的实践，笔者认为：在矿山安全检测的质量控制中，不仅要做好上述各项工作，还应采取如下三方面的对策。

---

①ISO为国际标准化组织的简称。

一、矿山安全检测报告及其原始记录的质量控制对策

（1）矿山安全检测报告的质量要求。矿山安全检测报告是矿山安全检测的工作成果，矿山安全检测报告的质量是检测工作质量的综合反映，所以矿山安全检测报告必须做到：结构完整、数据准确、书面清晰、结论正确、易于理解。

（2）矿山安全检测原始记录的质量要求。矿山安全检测原始记录是检测数据和结果的书面载体，是表明被检测体质量的客观证据，是分析质量问题、溯源历史情况的依据，是检测结论最重要的来源。因而矿山安全检测原始记录是一项十分重要的基础性工作，应加强对矿山安全检测原始记录的质量控制，具体说应做到以下几点：①矿山安全检测原始记录的项目应完整，空白项应画上斜线，不得留有空白格。②合理编制原始记录的格式，一般包括：被检测体的名称、规格型号、数量；检测的技术依据；使用的仪器设备、环境技术条件（如温度、湿度值）；检测项目、技术要求的规定值、检测和测试的实际值；必要的计算公式及计算结果；在检测中发生的异常情况和处理记录；检测时间地点、检测人和审核人签名；检测记录的页数和页次；等等。③矿山安全检测原始记录发生记错时，应及时改正。更改的方法应采取"杠改"的办法，即在错误的文字上画一水平线，将正确的数字填写在其上方或下方，加盖更改人的印章。更改只能由检测记录人进行，他人不得代替更改，也不允许用涂改液更改。④矿山安全检测原始记录不允许用铅笔记录，应由检测人和审核人本人签名，以示对记录负责。⑤数据处理应符合误差分析和有关技术标准的规定。

二、现场检测的质量控制对策

（1）检测前的准备。检测之前，应检查：被检测体是否处于正常的运行状态；检测用的仪器设备是否符合要求，使用状态是否在鉴定和校准状态；环境条件和操作人员是否满足检测的技术要求；检测方案及安全措施是否完备。

（2）现场检测。检测人员严格按照规定的检测程序及检测方案分工进行检测操作；检测至少由两人进行，一人操作一人记录，读数时，记录人员要复念一遍所记的数字，以免数字传递发生错误；在检测中，出现可疑数据时，须进行必要的重复检测，以验证检测的准确性；检测结束，应对仪器设备的技术状态和环境技术条件进行检查，看其是否处于正常状态，如出现异常，应查明原因，并对检测结果的可靠性进行验证。

（3）异常情况的处理。在检测过程中，因外界干扰（如停电、停水等）影响检测结果时，检测人员应终止检测，待排除干扰后，重新检测，原检测数据失效，并记录干扰情况；因仪器设备出现故障而中断检测时，原检测数据失效，故障排除后，经校准合格，方可重新检测；严禁将不连续时段测得的检测数据拼凑在一起使用。

三、实验室检测的质量控制对策

（1）样品质量控制。样品是实验室检测工作的对象，采（抽）样是一项很重要的基础性工作，因此应做到真实、完整、具有代表性，即采（抽）样前应制订具体的采（抽）样方案，采（抽）样中认真做好采（抽）样工作记录，采（抽）样后应对样品的接收、保管、领用、传递、处理等过程进行严格管理，确保样品不污染、不损坏、不变质，保持完好的原始状态，以备检测。

（2）实验室内部质量控制。实验室内部质量控制是实验室自我控制检验质量的常规程序，以编制质量控制图为手段，它能反映质量的稳定性，以便及时发现检验中的异常情况，随时采取相应的校正措施。其工作包括：空白实验、仪器设备的定期校准、平行样分析、加标样分析、密码样品分析和编制质量控制图。

质量控制图是以数理统计学原理为手段，计算标准样多次重复测定结果的平均值和标准差，并以平均值为中心值画出中心线，以确定可信范围从而画出警告限（$x \pm 2s$）和控制限（$x \pm 3s$）。在检测分析过程中，同时检测控制样，以控制样测定时间或顺序为横坐标，以测定值为纵坐标，把控制样多次测定结果的值逐点标在质量控制图中的相应位置。一般点落在控制限以内，则表明检测过程的质量处于可控制状态，如果点超出控制限，则说明质量失去控制，应立即查找原因并改进。

总之，矿山安全检测过程可能产生系统误差、过失误差和随机误差，绝对准确的检测过程是不存在的，因此，矿山安全检测的质量控制就是要把检测误差控制在允许的范围之内，然后对检测结果进行评价。

第四节 矿山安全监测与管理

目前大同煤矿集团大斗沟煤业有限公司（简称大斗沟煤业公司）监测技术应用现状：大斗沟煤业公司是年生产超过百万吨的矿业公司，采煤方式已全面实现机械化。开采区为东井416盘区和南井424盘区。因为其综采工作面供电设备需要不断移动，无法保证人员工作时的安全，所以采用实时监测系统进行监控，在人员即将进入危险区时，立即闭锁开关使其停止运转。当人员撤离后，再恢复供电。2009年，该公司首先在大采高工作面中使用红外线人机闭锁装置，即根据红外热释电探测技术研究开发的一套用于实现煤矿井下转载机、破碎机运行状态人员安全保护的装置。此技术的应用，大大提高了井下环境安全系数，体现了"以人为本，安全生产"的企业理念。目前，大斗沟煤业公司还使用太原市华瑞百特测控科技有限公司的钢丝绳在线监测装置，它可以监测强力皮带钢丝绳实时断绳、锈蚀、接头抽动、移位、镀锌层老化等情况，并将数据实时传入计算机进行处理，最后将监测结果打印显示出来，为皮带检修和及时更换提供了有力数据。这极大地提高了皮带运转效率，降低了皮带事故率。

矿井监测监控系统是煤矿等矿山企业高产、高效、安全生产的重要保证，世界各主要产煤国对此都十分重视，并投入了大量的资金和技术研制生产与推广使用环境安全、轨道运输、胶带运输、提升运输、供电、排水、矿山压力等监测监控系统。

虽然，在线监测装置的应用已深入矿山生产中的每个环节，但是仍存在着许多不足之处。下面就针对矿山监测监控系统的具体情况简要进行分析。

一、矿山安全监测工作的现状

（一）矿井安全监测监控系统

矿井安全监测监控系统，是通过监控影响矿井安全的环境参数，如瓦斯浓度、一氧化碳浓度、风速、温度、负压等，实时监控矿井安全生产状况的。例如，瓦斯、一氧化碳等参数出现超限情况，该系统会发出警报，进行区域断电控制。

我国现有矿井安全监测监控系统虽然在保证煤矿安全生产、提高生产率和设备利用率等方面发挥了重要作用，但还有待进一步发展完善。

1.我国矿井安全监测监控系统的现状

早期的煤矿安全监测监控系统大多以模拟技术为主，由传感器、断电仪载波机构成。煤矿安全监测监控系统对煤矿安全生产和管理起到了十分重要的作用，各矿大都已将其作为一项重大的安全装备。特别是近几年来由于老系统服务年限将至，已经没有继续维修维护的必要了，这些系统急需更新改造。同时，在"先抽后采、监测监控、以风定产"十二字方针和《煤矿安全规程》等文件中，以及在国家尚没有统一技术标准的情况下，各自制定自己的通信传输协议和接口、子系统标准，从而致使各生产厂家间的设备不能互联互通，信息不能共享，严重影响了煤矿安全监测监控系统作用的发挥，同时也阻碍了煤矿生产企业的技术进步和新技术的推广。

由于煤矿井下是一个特殊的工作环境，因此，矿井安全监测监控系统不同于一般工业监控系统。这主要体现在电气防爆，传输距离远，网络拓扑结构多采用树形结构，监控对象变化缓慢，要求对电网电压波动适应能力强，抗故障能力强，不宜采用中继器、传感器，宜采用远程供电，设备外壳防护性能要求高等方面。因此，一般工业监控原理和技术难以直接运用到矿井安全监控系统中。

2.现有的矿井安全监测监控系统存在的问题

现有的矿井安全监测监控系统虽然在保证煤矿等矿山企业安全生产方面发挥了重大作用，但由于这些系统监测参数单一、监测容量小、电缆用量大、系统性能价格比低，因此其难以满足煤矿等矿山企业安生产的需要，具体表现在如下几方面。

（1）现有系统通常都是针对某一监控对象而开发的，用于单一的安全环境或其他专用监控系统，从而造成硬件不通用、软件不兼容、信道不共享、信息不共享。用户难以通过简单的操作实现环境安全、轨道运输、胶带运输等多方面底层监控的目的。

（2）现有系统均没有将数据、文字、声音、图像等多种媒体有机地结合在一起，难以提高信息及系统的利用率。

（二）矿山设备故障诊断发展概况

随着计算机和电子技术的迅速发展，这些要求必然使矿山设备越来越复杂，越来越昂贵；大规模生产的流程化也越来越普遍，故障诊断技术也越来越多地应用在各种各样的矿山设备中。这项技术不仅能节约矿山设备维修成本25%～50%，减少事故75%，还能降低生产成本、节约能源和物料消耗，极大地提高产品质量和生产效率，因此在我国的现代化矿山建设中值得推广。机械故障诊断技术可以大量应用在矿山生产中，根据传感器件测量的振动、温度、流量、噪声等信号，以及油样分析、无损探伤检验等结果，判断工艺流水线甚至整个矿山的生产状况是否正常，是否有故障的苗子，以便随时进行在线维护，将事故消灭在萌芽状态，或及时安排在维修项目中，以便在停机检修中处理，不至于因事故造成更大的损失。

（三）常用矿山设备故障诊断方法介绍

矿山设备故障诊断技术的方法有很多，而且还在不断地发展，按照矿山设备状态信息的物理特征进行诊断的方法有以下几种。

（1）振动诊断。以机械振动、冲击、机械导纳及模态参数为检测目标，测量振动的频率、速度和加速度。

（2）声学诊断。以声音的噪声、声阻、超声、声发射源为检测目标，测量声音的声强、声压及声频。

（3）温度诊断。以温度的温差、温度场、热像等为检测目标，测量温度源的温度高低。

（4）化学诊断。以产品泄漏物为检测目标，测量气、液及固体的成分变化情况和化学反应情况。

机械设备故障诊断的方法有很多种，对于矿山设备尤其是对采掘设备的监测，必须考虑其工作特点，如移动、冲击、振动、粉尘、淋水、防爆要求和空间小难维护等因素的影响，所用的监测仪器必须与这些特点相适应。这使一些监测方法受到限制，如被广泛接受的振动诊断手段，当被用于对采煤机的监测时，往往因为某些干扰，使诊断的准确性变差，因此，故障诊断技术可根据不同的诊断对象、要求、设备、人员、地点等具体情况，对设备的诊断采用不同的技术手段。而在矿山机电设备的故障诊断技术中，除采用机械中最普遍采用的振动诊断和温度诊断外，油磨屑分析近年来也被用于国内外的矿井机械设备的监测上，并且越来越广泛地被成功运用。

二、矿山设备故障诊断技术应用的关键问题

故障诊断技术在矿山生产中具体的应用还应注意以下几个方面。

（1）选择合适的测点位置，尽可能靠近能反映重要矿山设备运转信息的故障源，这决定重要矿山设备和工艺流水线能否产生正确状态信息。常用的典型测点有：轴承、转轴、机壳、机座、缸体、缸盖、液（气）出口等部位。

（2）建立基准（正常或额定运行时）的信息库。在矿山设备安装调试正常运转后，所测定的上述各量对照设计值确定一组额定值和允许变动的范围作为基准值对照表，当矿山设备不正常运转时，所测取的值就能和基准值进行比较，经诊断后发出需要维修的提示信息。当矿山设备故障严重时除了能发出警告信号，甚至还能控制矿山设备进入保护状态。

（3）为了能保证测取信息的准确可靠性，防止干扰信号产生误诊断，还应在硬件和软件方面设置过滤环节。硬件采用电子件组成低通、高通、带通的滤波器。软件则根据所测信号的特征采用不同的算法衰减噪声而提取故障信号。随着电子元件及计算机的高速发展，采用电子技术和计算机技术后使故障诊断技术达到了空前完善、全面、准确的程度。

在我国，矿山安全生产管理工作如同坐在火山口上，矿山企业该如何落实预防方针，如何防止安全生产事故，如何避免"坐在火山口上"，这些给矿山安全监管工作提出了严峻的考验。

首先，建立矿山安全管理体系。矿山企业根据自身实际情况，建立以人为中心的现代矿山安全管理体系，将影响矿山安全生产的各个要素，包括人、硬件、软件、环境等，纳入该体系予以管理控制。对该体系各要素本身和相互关系的要求及其实现或满足的方法都要识别、确认并规定清楚，对可能出现的问题，特别是要素间接口的问题，应予以评估，确保体系有充分的预见性和适宜性，以

便对相关内容做出规定，防止事故的发生。特别是在该体系建立和运行初期，必须充分识别和评估该体系的缺陷与风险，避免遗留出错（特别是关键错误）的机会。要从一开始就体现预防的思想，力求建立一个比较"健康"的矿山安全管理体系，它是有缺点，但不是先天严重不足，后天大修大补的体系。

其次，完善矿山安全问责制度。完善的体制是体制发挥有效功用的前提，事实也表明了我国目前的矿山安全问责体制，由于存在诸多不足，影响了其在遏制我国矿山安全事故频发方面的作用，因此有必要对其进行完善。具体措施如下。

（1）以法律的形式完善矿山安全问责制度，使矿山安全问责制度更加的强势，以便更好地完善矿山安全问责主体。

（2）明确矿山安全问责的客体，即谁问谁责。

（3）厘清矿山安全问责的范围，即问什么。

（4）补充矿山安全问责的形式，我国目前矿山安全问责中的责任承担方式主要是行政责任中的引咎辞职。事实上，可以通过借鉴国外的经验做法，真正完善矿山安全问责制，即建立政治责任、行政责任、法律责任和道义责任四种问责制度。

再次，建立一套完善的矿山安全问责程序。通过设立一套完整的矿山安全问责程序来建立矿山安全问责体制中看得见的正义，使其有章可循，也可以使我国的矿山安全问责由行政性问责向程序性问责转变。

最后，完善矿山安全监测及故障诊断系统，实现综合检测，建立数字化矿山，从技术角度提早发现问题，解决问题。数字化矿山的发展便煤矿企业信息化建设加快了步伐，而综合监测系统正是数字化矿山体系中的核心模块。

第二章　矿山设备安全检测检验

第一节　矿山在用设备安全检测检验的必要性

一、矿山在用设备安全检测检验的现状

自煤炭行业的兴起，国家就一直严格要求对地下矿山的在用设备进行安全性能检测检验，至今已对近百家矿山企业进行了检验。检验主要针对一些大型矿山在用设备，包括提升机、水泵、风机、空压机等。检验结果表明，大部分矿山在用设备初次检验结论为不合格，即地下矿山的在用设备普遍存在较为严重的安全隐患，即使按规范要求允许投入使用的设备也存在一定缺陷，也就是说矿山在用设备都存在缺陷。例如，某矿山单位刚刚投入使用的两台缠绕式提升机，由于矿山在用设备机型新，检测单位便认为没有问题。然而在接下来的现场实际检测过程当中，发现一台缠绕式提升机的制动盘发生变形，不符合制动力矩的要求；而另外一台缠绕式提升机，制造单位没有安装到位，导致其缺乏安全保护装置。二者皆存在巨大的安全隐患，所以在检验检测工作进行时，一定要务真务实。

二、矿山在用设备安全检测检验存在的主要问题

（一）缺乏提升运输设备方面的选型知识

在不了解矿山提升设备使用要求的情况下，许多小矿山就开始选用矿山在用提升设备。这造成一种地域性的雷同现象，通俗来讲，就是同一类型的矿山在用提升设备在同一地区被广泛使用，这导致在设备的选用上缺乏实际的工作条件考虑。而造成这一现象的主要原因是设备安全知识及选型知识的缺乏，矿山单位之间彼此模仿。从使用的设备类型来看，设备类型繁多，有的甚至使用自制的一些设备。

（二）对钢丝绳的选型和使用要求不清楚

在矿山设备的安全管理工作中，应加强钢丝绳的管理工作。而不少小型矿

山企业恰恰忽略了这一点，在钢丝绳的管理工作上，缺乏必要的定期检验安排和日常检查记录。有的企业采用一般用途的钢丝绳用于提升工作，并在钢丝绳的选用上认为越粗越好；有的钢丝绳明显损坏，却仍在使用。这表明小型矿山企业的安全意识极其淡薄，对钢丝绳的选型和使用要求不清楚。

（三）矿山在用设备安全检测检验规范不完善

检测检验的技术依据是规程、规范。目前，矿山在用设备、仪器的检测上，缺乏健全完善的检测技术规范，难以满足对矿山在用安全设备的检测检验需要。对于已经发布的技术规范，在实施过程中也发现了一些不完善的地方，如测试方法可操作性不强、技术要求不合理、判定依据不明确等。其他未制定安全检测检验规范的矿山在用设备还在使用，采用型式检验方式的国家标准检测部分矿山在用设备，确实存在一些问题。

（1）在型式检验标准中，要求繁多，甚至某些检验项目存在毁坏性。例如，工作人员不了解评价其保持安全有效的标准，即矿山在用设备到底需要怎样检验。

（2）一般产品定型检验需要应用型式检验标准。矿山在用设备的安全检测过程中，被检测样品可能是长期在矿山使用的设备，还可能是新出厂未使用的设备。但是，对于矿山在用设备的检测，未必能满足型式检验所用标准的要求，这是由于其安全性能有所降低。

（3）矿山在用设备检验的条件往往与实验室检验条件不同，通常在矿山进行。所以，更简便的检验设备和更简便的方法是必要的。另外，在保障电气设备维修后的安全性能和维修后电气设备防爆性能检测上，缺乏相应的技术标准。

（四）部分矿山对矿山在用设备安全检测检验的重要性认识不充分

在矿山井下，大量新材料、新技术、新产品被推广应用，危险性较大的设备越来越多，查找和发现矿山在用设备的安全隐患不能仅仅依靠经验与直观判断。查找危险因素和事故隐患应利用矿山在用设备检测检验机构的技术手段进行检测，保证其准确性、有效性。虽然检测检验工作已经开展多年，多数矿山企业能主动配合。但仍有一些矿山对检测检验工作缺乏积极的认识，如不理解、不支持检测检验工作；存在省检、漏检的思想；只是为了应对验收、换证等强制要求，才被动地提出检测要求。其主要原因是宣传不到位，矿山业主及其管理人员，没有认识到检测检验的重要性。

三、加强矿山在用设备安全检测检验的对策探讨

在矿山在用安全设备检测检验工作发展思想上，应该从安全保障、设备管理的角度，建立服务矿山在用设备使用全过程的检验检测手段、方法及标准。建立安全仪表测量准确性的保障体系、矿山在用设备、系统的安全保障体系的具体对策如下。

（一）加强矿山大型设备的检测检验

矿山大型设备的检测检验是矿山安全生产大环境下的产物，目的是通过采用先进的检测方法和检仪器对生产主要环节设备进行现场动态检测，以了解和掌握其安全性能，及时发现安全隐患，帮助矿山企业搞好安全生产，并为政府监管提供科学依据。按照矿山大型设备要求，需对缠绕式提升机相关参数（机房、提升装置、提升机制动系统、液压系统、提升机应装设的保险装置及要求、信号装置、电气系统等）进行安全检测。对空压机的安全检测主要包括空压机压力、温度、转速等；对排水泵检测包括流量、扬程、转速、振动、电参数、效率等参数检测；对通风机安全检测项目包括风压、风量、电机功率、风机效率、振动、故障诊断等。

（二）加强矿山在用设备安全检测检验重要性的宣传

在矿山在用设备安全检测检验重要性的宣传上，加强对《中华人民共和国矿山安全法》《中华人民共和国安全生产法》及检测检验规范等标准、制度、法律、法规的宣传力度，提高矿山主管领导及相关人员对矿山在用设备安全性能的认识，让矿山企业相关人员了解到其检测检验的重要性，为矿山在用设备安全检测检验工作的顺利开展创造良好的氛围。

（三）完善省级矿山监察机构矿山在用设备安全检测检验机制，建设安全仪表校准平台

以现有26个省级矿山监察机构安全技术为中心基础，强化在用和维修后矿山在用设备与仪器仪表检测检验的技术手段，完善、扩充、升级矿山在用设备和

仪器仪表检测检验的专业设备，严格把控矿山在用设备和仪器仪表定期维护与维修后的安全性验证。

综上所述，矿山在用设备的检验检测是必要的，是对工作人员人身安全及矿山财产安全的一道保障措施。所以，它是一项公正、严肃、科学的技术服务工作。针对矿山在用设备检测检验中存在的安全隐患，一定要及时提出解决方案和改进措施，提高矿山行业的安全生产水平及安全管理水平，保障工作人员的人身安全及施工的安全。同时，测试结果可以为相关安全监督管理部门了解煤矿企业情况提供客观依据。目前，国内大多数煤矿企业缺乏专业的管理人员，且技术力量薄弱。所以，矿山在用设备安全性能的检测工作已经是刻不容缓。加强安全检验检测工作的宣传力度，提高矿山企业人员对检验检测重要性的认识，加大监管力度，督促矿山企业定期对矿山在用设备进行安全性能检测检验，将更能保障矿山实际生产的安全性。

第二节 矿山在用设备的安全检测检验工作概况

矿山在用设备的安全生产检测检验，是指根据《中华人民共和国安全生产法》等相关法律法规、规章等规定，依据国家有关标准、规程等技术规范，对矿山企业影响从业人员安全和健康的设施设备、产品的安全性能等进行检测检验，并出具具有证明作用的数据和结果。例如，生产设备性能测定、关键零部件探伤、电器预防性试验及电器整定、三大保护装置检测等。

矿山在用设备的安全生产检测检验，是确保矿山安全生产、设备安全经济运行的基础。矿山在用设备投入运行前后，运用安全检测检验技术对其工作状态和性能定期及时地进行科学诊断、调整测试、检测检验，可以及早发现问题，及时采取措施，消除事故隐患，保证矿山在用设备的安全经济运行，从而保障矿山在用设备的安全生产。

一、目前矿山在用设备安全检测检验的状况及存在的问题

矿山在用设备检测检验工作开展时间相对较短,而且是一项全新的工作,过去我国在这方面的工作经验也比较少。现在一些矿山企业大部分都是由原先的一些小矿山企业（特别是非煤矿山企业）通过技术改扩建或重组而形成的,其矿山在用设备仍存在老、旧、杂,安全性能差等情况,还普遍存在通风、排水、提升、压风等大型固定设备"带病"运转的情况,矿山在用设备的维修检测不能满足现代化矿山企业安全生产的需求。

通过在实际开展矿山在用设备安全检测检验的近几年工作过程中的不断总结,初步发现还存在下列问题。

（1）部分矿山企业特别是非国有矿山企业开展矿山在用设备安全检测检验工作的意识不强,对矿山在用设备进行安全检测检验的重要性和必要性认识不清。这些企业是当地的税收大户和经济支柱,受当地保护主义的影响,其只是把矿山在用设备安全检测检验当作办证和年检的形式性工作,选择代表性的几台矿山在用设备进行检测检验,只要设备检测数量达到办证和年检的最低要求即可;没有把矿山在用设备安全检测检验工作当作矿山企业安全生产工作的一项重要任务来进行认识和执行落实,并认为检不检对矿山安全生产工作没有多大影响,没有必要性,不是矿山安全生产工作的重要任务之一。

（2）个别地区检测检验机构数量较多,但检测技术能力参差不齐,检测检验机构人员技术力量、设备装备良莠不齐,甚至还有拼凑几个人、拼凑几台设备,搭建草台班子似的所谓检测公司或机构,这些个别不正规的公司或机构在市场中低价参与、擅自降低检测标准要求,只要给钱就能全部出具结论为合格的检测检验报告,进而形成恶性竞争,扰乱秩序,从而使检测检验工作质量降低,同时对矿山企业造成不良影响,影响检测机构正常、有序、科学的发展壮大。

（3）检测检验机构内部质量管理有待进一步提高。个别机构短期行为明显,检测技术人员工作的责任心不强,检测机构质量管理意识淡薄,一味追求市场占有率和经济效益;还有个别机构对规章制度执行不到位,现有的制度与实际不匹配;部分检测检验机构出具的报告中有大量信息空白,用"/"填写,被检设备的主要技术参数信息没有收集,检测项目数据中的部分关键条款也没有进行测定,也用"/"填写,但检测检验结论却是"合格";也有的对发现的重大安全隐患采取规避或模糊报告；等等，所有这些都是内部质量管理不完善，不健全造成的。

（4）矿山在用设备的强制检测检验范围目前还比较窄。矿山企业是一个庞大复杂的系统，支持其运行的设备广而多，而现在由于我国检测检验工作开展时间相对较短，强制进行安全检测检验的范围比较窄，目前国家只对第一批煤矿企业在用设备的安全检测检验目录进行了发布（安监总规划〔2012〕99号），但也仅仅局限在少数的主要设备上，对非煤矿山业务却没有发布在用设备的检测检验目录，只是参照煤矿企业的标准执行。

而大量危及安全生产的重要设备（如矿山井下无轨胶轮车、带式输送机、电器设备、重要设备承载件、连接件等）却都没有开展强制性安全检测检验，这就给矿山企业在用设备的安全生产工作留下了一个漏洞。

二、矿山在用设备安全检测检验工作的建议

（一）要充分认识矿山在用设备安全检测检验的重要性和必要性

矿山在用设备安全检测检验是矿山安全生产的重要技术支撑。矿山在用设备安全性能的合格与否，对矿山安全生产至关重要，进行矿山在用设备安全检测检验，是督促矿山企业加强矿山在用设备管理、提高矿山在用设备安全性能、减少矿山在用设备引发责任事故的重要手段，是创造本质安全型矿井的重要技术保证。

《中华人民共和国安全生产法》《非煤矿矿山安全生产许可证实施办法》《金属非金属矿山安全规程》等法律法规、规章规程都对矿山安全检测检验做出强制性的规定。有效的检测检验，能够消除安全隐患，避免意外事故的发生，实施定期的矿山在用设备安全检测检验，既能保证矿山在用设备的安全性能，又能促进安全生产的实现。全面开展矿山安全检测检验工作，是提升矿山本质安全水平的有力举措，是有效防范事故的重要手段，是加强矿山安全监管工作的有效途径，所以，对矿山在用设备进行安全检测检验是特别重要和必要的。

（二）合理利用现有资源，规范有序发展检测检验机构

要以各个地区原有的矿山技术支撑体系（如矿用产品检测检验中心、国家矿山实验室）和已经取得检测检验资质的检测机构的技术、人力和设备为基础，

根据本地区矿山企业的具体数量情况，结合检测机构的检测能力，严格控制检测检验机构资质的准入条件，合理布局、数量适当、规范行为，逐步发展壮大一部分（如矿用产品检测检验中心、国家矿山实验室），淘汰一部分（如个别技术、人员、设备相对薄弱的以营利性为主的个体检测检验机构）。防止出现一哄而上、秩序混乱、无序竞争的状态，以确保检测检验标准的质量。

（三）落实矿山企业主体责任，做好安全检测检验工作

矿山企业是安全生产的责任主体，必须切实做好矿山在用设备的维护、保养和自检工作，并按规定主动接受定期的安全检测检验。安全检测检验工作不是单向行为，矿山企业的配合是安全检测检验工作质量的保证。重大的在线检测工作，被检单位必须有足够的时间、超前的安排、配足专业技术人员和维修工作人员，做好检测检验协调和应急处理，建立经双方签字认可的检测记录，以确保检测效果和质量。

（四）加强检测检验机构内部管理，提升安全检测检验质量

第一，坚持标准，严格检验。检测检验机构在检测时，要严格按照标准规范进行检测，不管是中央、地方，还是私营个体矿山企业都应一视同仁，不放过任何安全隐患，对检测检验中发现的问题和隐患应通过书面形式告知矿山企业，并要求矿山企业及时整改；对检测发现的重大安全隐患，也应同时报告给当地安全监管部门，为当地监管监察工作提供依据。

第二，定期向当地安全监管部门通报矿山企业设备的检测情况，积极发挥安全技术支撑保障作用。

第三，要为矿山企业提供优质服务，坚持服务至上的原则，积极帮助矿山企业制定整改措施，创造整改条件，以优质的服务感化矿山企业。

第四，要扎实做好检测检验准备工作，切实制订好每一次的检测检验方案，缩短检测检验时间，做到不耽误或少耽误生产时间。

第五，要加强检测检验人员管理，以检测检验机构"管理手册"和"程序文件"为依托加强内部质量管理，严查违规行为，严防质量不合格的检测检验报告流入市场。

（五）循序渐进，逐步扩大矿山在用设备的强检范围

矿山在用设备的检测检验工作在现有的强检范围内，应脚踏实地，循序渐进，积极积累检测检验经验，在具备一定条件的基础后，应逐步扩大强检范围，力争使矿山在用设备中大部分危及安全生产的重要设备全部纳入强检范围。

矿山在用设备的安全检测检验是一项复杂的、长期的、技术性非常高的工作，需要矿山企业、检测检验机构和安全监管等部门的全面配合，只有严格工作程序，严谨工作态度，才能使矿山在用设备安全检测检验工作科学、公正、权威，从而促进矿山在用设备安全检测检验工作的开展，以及国家矿山安全生产技术支撑体系的发展，进而保障矿山企业的安全生产。

第三节　煤矿在用设备安全检测检验的作用和意义

目前，在煤矿矿井开发中，一些大型的矿山在用设备在安全生产中有着重要作用。例如，提升机在煤矿生产中被称为矿井的"咽喉"安全要道，还有就是通风机在煤矿生产中被称为"呼吸系统"，空压机在矿井的生产系统中是挖掘煤巷的动力来源，以及主排水设备是将生产过程中产生的废水和灌浆水等排放到地面。由于这些煤矿设备的使用关系到矿井工作人员和操作环境的安全性，因此煤矿生产操作人员要保证矿山在用设备的安全运行，除了要对这些设备进行精心维护与合理使用外，最主要的是对这些设备进行安全检测，并对其检测的结果做出评价分析，从而能够为煤矿提供设备使用的真实情况。煤矿应该要求其工作人员对矿山在用设备做到有问题早发现早治理，防患于未然。本节就煤矿在用设备的安全检测在煤矿工作中的作用和意义进行分析研究。

一、煤矿在用设备的检测及对检验情况的分析

如果煤矿在用设备中检测出隐患问题，工作人员应及时找出原因并解决。以下内容是根据实践调查，对煤矿在用设备在运行中可能出现的问题及原因进行

举例说明。

在煤矿在用设备——提升机的检测过程中，如果其制动闸出现闸瓦之间的间隙超出限额等问题，原因可能是煤矿生产操作人员没有定期清洗和检测安全阀，即对提升机的清洗维护做得不到位，从而导致闸瓦间隙超出规定限额，所以煤矿工作人员要加强平时检查的力度，从而避免发生这样的情况。

对于通风机可能出现的安全隐患，如通风机出现叶片断裂，多是由叶片长时间受风流中含有腐蚀性气体的侵蚀造成的。工作人员要定期对叶片进行无损检测，并及时处理不合格的叶片，从而保证煤矿能够正常生产。

空压机的压缩机如果发生噪声超标的现象，多是由平常对缸体与轴承缺乏检修而造成的。

矿井的主排水系统中存在的安全隐患，如在水泵启动时引起的跳闸问题，多是由线路配件的磨损造成的，矿井操作人员对设备细节之处也应加强检测与维护。

通过上述对煤矿在用设备的安全检测分析，体现出设备安全检测在煤矿生产管理中的作用和重要性。例如，排水系统是煤矿重要在用设备之一，煤矿对其进行的检测内容有电参数值、噪声和振动的效率及排水能力等。许多矿井中的涌水量非常大，而排水设备的安装是依据煤矿生产需求逐步进行的，从而导致煤矿排水系统出现很多安全隐患，因此对矿井排水系统的安全检测是必要的。

二、煤矿在用设备定期安全检测检验的作用与意义

（一）煤矿企业对煤矿在用设备的安全管理不到位的原因分析

目前，煤矿的安全管理制度不够完善，由于大部分煤矿负责人缺乏以煤矿工人安全为主的思想观念，而且煤矿工人的安全意识也极为薄弱。因此煤矿负责人为了给自己争取更多的利益，只是一味地减少有关煤矿安全管理方面的资金投入，从而影响了矿井在用设备的安全检测检验，导致矿井在用设备得不到安全的维护与检测。

（二）煤矿在用设备进行安全检测的作用与意义

煤矿负责人不仅要以煤矿工人的安全为主，还要经常性地开展安全教育活动，从而提高煤矿工人的安全意识，降低事故发生率。在这种情况下，煤矿就需

要一个精通专业知识的安全管理队伍，对煤矿在用设备安全检测结果能够出具一个科学的数据。

首先，通过对煤矿在用设备的安全检测，煤矿工人可以对煤矿在用设备的使用情况有一个透彻的了解。煤矿工人通过查看煤矿在用设备的检测报告，能够对煤矿在用设备出现的隐患有一个直观的了解。例如，哪些设备需要保养，哪些需要维修或者更换等。其次，煤矿在用设备安全检测能够促进煤矿企业加强对煤矿在用设备安全管理的力度，同时也避免了在煤矿开发中可能出现的安全事故。所以在煤矿在用设备安全管理中，对煤矿在用设备开展安全检测，不仅有利于及时发现存在的安全隐患，还有利于煤矿在用设备生产效率的提高。

近几年来，在煤矿在用设备的安全检测中虽然发现了很多隐患，但是政府积极督促煤矿进行整改，从而实现了防患于未然。如果煤矿在用设备中存在的隐患没有得到及时处理，事故造成的后果我们无法设想。实践表明，在煤矿安全生产和现场管理过程中，设备的安全检测工作发挥着重要作用。只有通过对煤矿设备的定期检测，才能对煤矿生产中可能出现的安全隐患做到防患于未然，同时定期检测煤矿在用设备也为煤矿在用设备的更新和安全运行起到了指导的作用，为煤矿安全管理措施的完善提供了理论根据和技术支持。

第四节　煤矿在用设备的隐患及原因分析

众所周知，矿井大型固定设备中，提升机在煤矿生产中可称为矿井安全中的"咽喉"要道；通风机可称为矿井的"呼吸系统"；空压机是煤矿安全生产系统中岩巷和煤巷掘进的动力源泉；主排水系统承担着把井下生产中的涌出水和污水以及灌浆水排至地面的任务，也关系到操作人员和工作环境的安全问题。要保证煤矿在用设备的可靠安全运行和使用，除平时精心维护，合理操作使用外，还应通过检测检验手段，全面对煤矿在用设备进行测试验证评价分析，为使用单位提供科学真实的煤矿在用设备使用状况，从而做到有隐患早治理，有问题早防备，把事故消灭在萌芽状态。以下对相关机构在煤矿矿井大型固定设备检测过程中发现的问题进行了汇总和分析。

一、提升机检测检验发现的主要隐患及原因

机房噪声超限，多由维护不到位，钢丝绳出口托辊损坏或转动不灵活、电机或减速机振动过大所致，而噪声超限，容易导致司机注意力不集中，心情烦躁，操作失误，这无疑对提升司机来说是高级杀手。

提升装置的天轮、滚筒、导向轮的最小直径与钢丝绳直径之比不符合要求，主要原因是技术人员在选绳或换绳时未严格按标准和规程进行验算，盲目认为绳径越大越安全所致，未考虑钢丝绳的弯曲半径小到一定程度，外层钢丝便有被拉断的可能。

实测制动力矩与实际提升最大静荷重旋转力矩之比不符合相关规程要求，原因多是由盘形闸碟形弹簧长时间不更换或检修，即使更换了也不知制动力是多大，是否符合要求造成的；还有种情况是提升载荷发生改变了而未进行测试和验算。

制动系统无二级制动或二级制动减速不合格。提升机运行过程中油路阻塞或电路问题等原因都可导致无二级制动或二级制动减速度不符合相关规程要求，有的提升机由于制动力过大没有二级制动，导致上提重载制动减速超过上限值，引起松绳甚至断绳事故。

信号回路不闭锁、保护装置不规范、动作不可靠。由于维修和操作人员安全意识薄弱或是对相关规程的理解不够透彻，从而出现闸间隙保护不报警、松绳保护未接入安全回路、井口信号与绞车的控制回路不闭锁等安全保护装置不规范或接线有问题等现象。

制动闸的闸瓦间隙超限、空动时间超限。因为维护不到位，没有定期进行检查或清洗安全阀和油路，导致间隙超限和回油太慢的安全隐患，这些问题只要平时多加强检查和维护，是完全可以避免的。

二、通风机检测检验发现的主要隐患及原因

通风机叶片出现裂纹或断裂。因为通风机叶片长期受力和风流中含有的多种气体对风叶有腐蚀性，容易导致风叶出现裂纹和腐蚀的现象，通过定期无损检测，每年都能检测出不合格叶片10～50片，如果不及时处理，将严重影响矿井的

正常生产。

通风机温度指示仪表和温度传感器误差过大，导致温度保护不起作用，主要原因是使用单位对温度传感器的作用认识不清。通过校验可以保证温度指示仪表的精确度，以便及时准确报警，为通风机的安全可靠运行提供保障。

对监视用仪器仪表未定期检定。这是由使用单位对通风机监视用仪器仪表的重要性认识不足，对其作用认识不清而造成的。

三、空压机检测检验主要存在的安全问题及原因

风包未定期进行检定。个别单位管理环节薄弱，甚至不知道压力容器为国家强制检验的特殊设备，没有定期进行检验。

风包无超温保护装置，或超温保护装置失效，或超温保护未接入安全回路，当超温时不能自动切断电源和报警。这多是由操作人员和维修人员安全意识薄弱，未定期进行校验和试验造成的。

安全阀未定期检验，压缩机油无闪点试验报告，多是由安全意识淡薄，没有压缩机油高温发火的经验教训，不理解定期检验和试验的意义，管理不到位而造成的。

压缩机振动、噪声超标，多是由日常维护和检修不到位造成的。

排气效率低，也是日常维护和检修不到位，定期检修制度落实不够，没有定期对活塞式压风机的进、出气阀进行清洗或更换阀片，造成漏气，从而导致排气效率低。

四、主排水系统检测检验主要存在的安全问题及原因

主排水泵轴承处和出水口处振动超限，是由维护不及时，没有定期对主排水泵轴承加油或维修造成的，从而导致主排水泵轴承磨损严重，水泵出水口处连接不对中，振动超标，长此运行，最终导致水泵损坏。

排水管路结垢严重，水泵流量小，水泵效率低。因为矿井水中水垢较多，管路运行时间长易在管壁上形成较厚的垢层，以致管路内径变小，增加管道阻力，水泵流量下降，从而直接影响了水泵的排水能力。

水泵选型配置不合理，富裕扬程过大。技术人员在设备选型时盲目追求越大越好，而没有考虑富裕扬程过大，将降低管路效率，导致吨水百米电耗超标，

造成浪费。

控制开关保护不灵敏，有的甚至甩开保护使用。这多是由主排水泵启动较频繁，保护机构失灵或配件损坏，维护不及时造成的。

启动所有水泵运行时引起跳闸，多是由配电线路选配不合理或线路配件损坏造成的。

综合近年来的检测检验工作，每年检测中发现的安全隐患为30～90项，通过相关部门的努力并督促矿方进行整改，避免了一些潜在事故的发生，这些隐患如不及时处理，一旦造成事故后果不堪设想。事实说明，煤矿在用设备的检测检验工作在保证安全生产及加强现场管理方面发挥了重要作用。通过检测检验，可以真实地反映矿用安全产品在使用中存在的安全隐患，透析出设备操作人员、维护人员存在的不安全行为，解析管理人员的管理思路和管理素质，同时为煤矿在用设备的更新改造、安全经济运行起到了积极的指导作用，为不断完善安全管理制度和安全措施提供科学依据与技术支撑。

第五节　煤矿在用设备安全检测检验的现状、主要问题及对策探讨

煤矿在用设备、材料的安全性、准确性，是关系煤矿安全生产的重要基础。煤矿井下使用的大量仪器仪表主要承担瓦斯浓度等环境参数的测量和安全控制，其测量和控制的准确性直接影响瓦斯浓度大小的判断，且其容易受煤矿井下潮湿环境和其他多种有毒有害气体、粉尘物质、通风流速等因素的影响，因此其稳定性较差，尤其是电化学类传感器，在开机一段时间后都会有零点漂移和灵敏度漂移的现象发生；煤矿在用电气设备、仪器仪表的防爆等安全性能、非金属材料的抗静电性能均能直接引起瓦斯、煤尘爆炸的火花产生。这些安全设备单靠制造单位在申办安全标志过程中的型式检验或出厂检验，并不能确保它们在使用过程中能安全有效地工作。据不完全统计，在我国煤矿生产中因机电设备引起的事

故占煤矿事故总数的50%以上，在煤矿发生的瓦斯爆炸事故中，设备失爆是引发瓦斯爆炸的重要原因。因此，对煤矿在用设备、材料的安全性能检测、安全仪表的定期校准，是预防与控制煤矿瓦斯爆炸等安全事故的有力抓手。

一、煤矿在用设备安全检测检验的现状

（一）初步建立了煤矿在用设备安全检测检验技术支撑能力

1992年7月，为确保矿用计量器具的量值准确统一，保证矿山作业安全，保障矿工人身安全与健康，依托煤科总院重庆研究院，建立了国家矿山安全计量站，其承担全国范围内涉及矿山作业安全的甲烷、风速、粉尘三大类测量仪表的检定、测试和量值溯源，为矿山安全生产提供了强有力的安全计量技术支撑。

"十一五""十二五"期间，为了对煤矿在用设备安全的监管监察工作提供检测检验技术支撑能力，在中央财政的支持下，相关机构建设了26个安全技术中心，其具备了主要煤矿在用安全设备的检测检验能力、部分安全仪表定期校准能力和一般事故的分析验证能力。煤矿在用设备安全检测检验范围主要包括：煤矿在用缠绕式提升机系统、煤矿在用提升绞车系统、防坠器、重要用途钢丝绳、煤矿在用窄轨车辆连接链、煤矿在用窄轨车辆连接插销、斜井人车、非金属材料、煤矿用架空乘人装置、催化燃烧甲烷测定器、光干涉甲烷测定器、矿用风速测量仪表、矿用粉尘采样器等17种。

（二）制定并实施了煤矿主要在用设备安全检测检验规范

2005年起，国家安全生产监督管理总局制定并实施了《煤矿在用主通风机系统安全检测检验规范》（AQ 1011—2005）、《煤矿在用主排水系统安全检测检验规范》（AQ 1012—2005）、《煤矿在用缠绕式提升机系统安全检测检验规范》（AQ 1015—2005）、《煤矿在用提升绞车系统安全检测检验规范》（AQ 1016—2005）、《煤矿在用窄轨车辆连接链检验规范》（AQ 1112—2014）、《煤矿在用窄轨车辆连接插销检验规范》（AQ 1113—2014）等8项煤矿在用设备安全检测检验规范，对规范煤矿在用设备安全检测检验工作，提高煤矿在用设备的检测检验质量和水平，保障煤矿在用设备的安全运行和煤矿安全生产起到了指导与促进作用。

二、煤矿在用设备安全检测检验存在的主要问题

（一）煤矿在用设备安全检测检验技术支撑能力不足

当前，煤矿在用设备安全检测检验技术支撑能力滞后于产品更新换代、技术发展的步伐，难以满足日益增长的安全生产监管监察和事故物证分析工作需要，主要存在的问题如下。

（1）检测检验能力覆盖范围不全，矿用新设备、新仪器的安全指标的检测检验能力相对较弱，不能满足近年新推广的在用仪器、设备的安全性检测检验。例如，对煤矿安全监控系统（包括环境监控系统、顶板压力监控系统、皮带保护监控系统、安全生产监控系统、水泵运行监控系统、通风性能监控系统、采煤机监控系统、液压支架监控系统、煤炭产量监控系统等）、二氧化碳报警仪、二氧化碳传感器、氧气报警仪、氧气传感器、温度传感器、粉尘浓度传感器、直读式粉尘浓度测量仪、红外甲烷传感器、红外甲烷检测报警仪、高低浓度甲烷传感器、矿用水位监控系统、硫化氢检测报警仪、瓦斯抽放监控系统、瓦斯抽放综合参数测试仪、顶板离层监控系统、矿用电力监控系统、矿用变频调速系统、人员定位管理监控系统、矿用通信系统、矿用手机等检测检验能力相对较弱。

（2）缺乏先进的煤矿在用安全设备分析测试手段，早期配置的部分检测检验专业设备的技术水平不高，有的已严重老化。

（3）原配置的检测仪器主要是针对正常使用的煤矿在用设备、仪器的安全性能的检测检验，对维修后的煤矿在用设备、仪器的安全性能检测手段不全，对维修后的电气设备的防爆性能未进行检验，难以保障煤矿在用设备使用全过程的安全性能。

（4）现有的矿山安全仪表校准仪器满足不了我国矿山行业快速发展的需求。现有的矿山安全仪表校准仪器大部分是我国20世纪80年代末自行研制的，大部分仍停留在原有水平上，有的经长期使用后技术指标逐渐降低，有的已严重老化，由于其是公益性实验室研制的，投入的更新改造资金极少，目前已跟不上技术发展的需要。近年，随着煤炭行业的快速发展，国家对安全生产的重视和安全生产管理手段的不断加强，自动化监控技术已在煤矿井下广泛应用，但其配套的监测仪表，如瓦斯突出预测预报仪、压力检测仪、环境监控用传感器（如温度、风速、粉尘浓度、流量）及矿用提升机综合测试仪、矿用空压机综合测试仪、矿

用水泵综合测试仪、矿用风机综合测试仪等还没有相应的计量技术法规和相应的计量标准,致使不少计量器具处于无检测校准的状态,为矿山安全生产留下了严重隐患。

（二）煤矿在用设备安全检测检验规范不完善

标准、规程是检测检验的技术依据。目前,煤矿在用设备、仪器的安全检测技术规范不健全,不能满足对煤矿在用设备的检测检验需要。已发布实施的煤矿在用四大件等安全检测检验规范,在实施过程中也发现了一些问题和不完善的地方,如技术要求不合理,测试方法可操作性不强等。其他在用设备和仪器还未制定安全检测检验规范。部分在用设备的检测检验标准还是采用型式检验所涉及的国家或行业标准,但是,使用这些标准用于检测煤矿在用设备确实存在一些问题:①型式检验标准中的要求,一般用于产品定型检验,也可以说被检样品一般是新出厂未使用的设备,但是,煤矿在用设备的检测,被检测样品可能是长期在煤矿使用的设备,其安全性及其他性能均可能有所降低,未必能满足型式检验所用标准的要求。②型式检验标准中要求众多,某些检验项目甚至涉及破坏性,煤矿在用设备到底需要检验哪些项目才能确保其安全有效。③煤矿在用设备检验往往在煤矿进行,检验条件往往与实验室检验条件不同,因此,需要更简便的方法和检验设备。此外,对维修后的电气设备的防爆性能亦无相应的技术标准,因此不能保障电气设备维修后的安全性能。

（三）部分煤矿对在用设备安全检测检验的重要性认识不充分

随着大量新产品、新技术、新材料在煤矿井下的推广应用,煤矿井下危险性较大的设备日益增多,仅靠经验和直观判断往往不能查找与发现设备的安全隐患,因此依托在用设备检测检验机构的技术手段,是准确查找事故隐患和危险因素的有效途径。虽然煤矿在用设备安全检测检验工作已经开展多年,多数煤矿企业对该检测检验工作有积极的认识,能主动配合,但仍有一些煤矿对该检测检验工作不理解、不支持,存在能不检就不检的思想,只是为了应对换证、验收等强制要求,才被动地提出检测要求。其主要原因是宣传不到位,煤矿业主及其管理人员没有认识检测检验的重要性。

三、加强煤矿在用设备安全检测检验的对策探讨

按照煤矿在用设备安全检测检验工作的发展思路，应该从设备管理、安全保障的角度出发，建立服务设备使用全过程的（正常使用、维护检修、报废）检验检测标准、手段以及建立煤矿在用安全设备、系统的安全保障体系、安全仪表测量准确性的保障体系。具体对策如下。

（一）加强煤矿在用设备、仪表安全检测检验规范建设

在现有煤矿在用四大件安全检测检验规范的基础上，制定、修订煤矿在用主要安全仪器、设备安全检测检验规范。建立完善的、技术先进的、与煤矿安全设备发展相适应的煤矿在用设备安全检测检验技术标准体系。

（二）完善省级煤矿监察机构及煤矿在用设备安全检测检验、仪表校准平台建设

在现有26个省级煤矿监察机构安全技术中心基础上，扩充、完善、升级煤矿在用设备和仪表安全检测检验的专业设备，强化煤矿在用、维修后设备和仪表检测检验的技术手段，严格煤矿在用设备和仪表定期检查与维修后的安全性验证。

（三）加强煤矿仪表安全计量检定（校准）实验室建设

在现有煤矿甲烷、风速、粉尘三大类测量仪表检定（校准）的基础上，扩充、升级矿山安全仪器仪表计量检定（校准）的专业设备，严格煤矿安全仪器仪表的量值溯源。

（四）加强煤矿在用设备安全检测检验重要性的宣传

进一步加大对《中华人民共和国安全生产法》《煤矿安全规程》及检测检验规范等法律、法规、标准、制度的宣传力度，使煤矿企业相关人员认识到检测检验的必要性和重要性，提高煤矿主管领导及相关人员对设备安全性能的认识，为煤矿在用设备安全检测检验工作的顺利开展创造良好的氛围。

（五）加强煤矿在用设备安全检测检验信息化建设

通过物联网技术，对提升机、通风机、水泵、压风机、移动变电站等煤矿在用设备安全的检测检验信息进行核查，督促煤矿加强对矿用设备的检测检验和日常维护，消除运行过程中存在的安全隐患，提高煤矿在用设备安全可靠运行的水平。

第六节 金属非金属矿山设备安全检测检验概况

中华人民共和国成立以来，我国金属非金属矿山的安全技术取得了长足的发展。在软件技术发展方面，制定了一系列符合国情的安全技术标准，主要体现在矿山提升运输安全技术、通风防尘技术、爆破安全技术和地压控制及边坡治理技术等方面。我国科研人员通过长期的研究，在爆破理论、通风理论和地压活动规律等方面取得了重大成果，并建立了自己的理论体系，其中《金属非金属矿山安全规程》和《爆破安全规程》是我国矿山安全技术成果的集中体现。在硬件技术发展方面，针对非煤矿山事故的特点，自主开发的通风设备及提升、运输安全保护装置和各种检测设备，解决了多项重大安全技术问题，使矿山本质安全化水平有显著提高。尤其是近年来，通过加强现场安全管理和增加定期检验次数，使矿山设备完好水平有了较大幅度的提高。很多国有大中型矿山企业建立健全了安全管理机构和安全管理制度，形成了完善的安全管理体系，专职安全管理部门和人员的作用及地位也在不断提高，摸索出了一套有效的安全管理方法。在现代安全管理技术方面，我国也已取得了长足的进步。有的矿山企业已开展重大危险设备的定期检验活动，还将危险源管理纳入了安全生产管理中，甚至有的矿山企业已开展标准化管理。

金属非金属矿山企业点多面广，该类矿山企业普遍存在安全生产意识薄弱的问题。安全方面的投入不足，大量的非国有小矿山企业装备水平和安全管理水平很低，安全状况极差。绝大多数非国有小矿山企业设计不正规，装备水平极低，多数采用手工作业方式；管理方式落后，安全管理制度不健全，缺乏安全管理机构和人员，从业人员素质低，没有基本的安全意识，不按国家有关规定进行管理，导致伤亡事故发生率非常高。全国金属非金属矿山每年死亡人数仅次于道路交通事故和煤矿事故的死亡人数，在各行业中居第3位。1997年我国金属非金属矿山死亡人数是南非的4.6倍、俄罗斯的13.4倍、美国的14.5倍，而且特大事故时有发生，在国际上造成了恶劣的政治影响，矿山安全生产形势相当严峻。为了扭转这种不利局面，我国2002年11月1日实施的《中华人民共和国安全生产法》对重大危险设备检测检验提出了明确要求，希望通过对矿山重要设备定期进行检测检验、对矿用产品进行安全认证，可以消除存在的安全隐患，逐步提高设备的整体安全运行能力。

一、金属非金属矿山重要设备检测检验的法律依据和管理方式

实施金属非金属矿山重要设备安全性能检测检验的法律依据是《中华人民共和国安全生产法》。《中华人民共和国安全生产法》第二十九条规定"安全设备的设计、制造、安装、使用、检测、维修、改造和报废，应当符合国家标准或者行业标准。"《中华人民共和国安全生产法》第三十条规定"取得安全使用证或安全标志，方可投入使用。检测、检验机构对检测、检验结果负责"。《中华人民共和国安全生产法》第三十三条规定"生产经营单位对重大危险源应当登记建档，进行定期检测、评估、监控……"这些条款明确规定了涉及生命安全的矿山在用设备应当进行定期检验，新购置的设备必须具有安全标志。

目前，对于金属非金属矿山重要设备，国家从设备的生产制造和在用设备两方面提出了管理要求。生产制造方面：为了进一步加强金属非金属矿山安全工作，防止可能危及生产安全的矿用产品进入生产过程，从源头上防止矿山灾害事故的发生，把好矿山企业购置设备的入口关，国家安全生产监督管理总局于2005年8月以安监总规划字〔2005〕83号文件的形式，发出了《关于金属与非金属矿山实施矿用产品安全标志管理的通知》，要求相关设备生产制造单位对产品进行安全标志认证，同时要求从2006年7月1日起，金属非金属矿山采购纳入安全标志管理目录的矿用产品，必须是取得安全标志的产品。

在用设备方面：主要是对在用设备定期进行安全性能检测检验，发现安全隐患，避免安全事故的发生。其检测检验的依据主要是《金属非金属地下矿山安全规程》、2005年国家安全生产监督管理总局正式颁布实施的AQ 1011—2005 ~ AQ 1016—2005一系列在用设备安全性能检测检验规范、相关设备的安全标准及产品标准。

二、金属非金属矿山在用设备的现状和存在的主要问题

总体上，我国金属非金属矿山的装备水平低，劳动生产率低，矿山设备制

造水平落后，而且不同规模的矿山差别很大。大型矿山的装备水平明显高于中小型矿山。小型矿山装备水平低，多数工序为笨重体力劳动；除少数有条件的大型矿山采用了国产或进口的较先进的设备外，多数矿山的装备只相当于发达国家20世纪60年代的水平，众多小型矿山仍采用手工作业方式。

非国有小矿山（包括集体、乡镇、私营和个体等多种所有制的小矿山），在数量上占绝对优势，为地方经济和国家建设做出了贡献。但同时，非国有小矿山不具备基本的安全保护常识、设备装备条件差、管理方式落后、从业人员素质低、安全管理制度不健全、无视安全生产、事故相当严重，其阻碍了矿业持续健康发展，给社会稳定和人民生命财产安全带来了严重影响。

自2005年起，相关机构开始对金属非金属矿山的提升设备、钢丝绳、排水设备、通风设备进行安全性能检测检验，至今已对近300家矿山企业进行了检测检验。检验结果表明，金属非金属矿山的在用设备普遍存在较为严重的安全隐患，90%以上的提升设备初次检验结论为不合格，即使按规范要求允许投入使用的也存在一定缺陷，也就是说100%的在用设备存在缺陷。例如，某单位新安装的两台卷筒直径为2.0 m的缠绕式提升机，刚刚投入使用，受检单位认为绝对没有问题，在进行现场检验时发现，其中一台的安全保护装置不全（制造单位未安装到位），另外一台因为制动盘变形导致制动力矩不符合要求，均造成了严重的安全隐患。就提升设备的现状而言，目前提升设备主要存在以下几方面的问题。

（1）缺乏重要设备的安全知识。有很多私营企业尤其是小企业，购买使用的是二手设备，因为购买时资料不全，或对矿山提升设备的要求不了解，导致盲目使用，加之这些设备的功能、安全设施大多不齐全，以致造成超载使用和"带病"使用，存在严重的安全隐患。存在的共性问题有：有的没有保险闸，有的没有常用闸，有的干脆使用木棍进行制动，有的电机接线和线圈均裸露在外，有的不能根据矿山的实际情况选择滚筒直径，以致缠绕层数过多。普遍存在的问题是：有的不安装深度指示器，深度指示器失效，保护装置和电机外壳、电控装置不接地；有的使用自制斜井人车，这种人车没有任何保护措施，如同普通矿车；有的使用自制绞车、调度绞车或建筑绞车提升人员。

（2）缺乏提升设备方面的知识。很多小型矿山在选用提升设备时，不了解矿山提升的使用要求，主要体现在：使用的提升设备带有地域性，也就是说，某一地区所使用的设备几乎为同一类型。造成这一现象的原因主要是缺乏提升设备的选型知识和相应的安全知识，相邻的矿山互相模仿；从使用的提升设备类型来看，有的使用调度绞车，有的使用建筑绞车，有的则是自行改装的绞车或行车；小型矿山的提升容器多为自制的箕斗、矿车，甚至自制罐笼和防坠装置，还有的用提升乘有司机的拖拉机和有人拖拉的平板车等。

（3）对钢丝绳的选型和使用要求不清楚。有不少小型矿山企业，不将钢丝绳作为重要设备来管理。具体表现为：使用一般用途的钢丝绳作为提升绳，选用钢丝绳时认为越粗越好，而且没有日常检查记录和定期检验安排，有的甚至发生了严重的断丝，还在用于提升。

（4）没有相应的技术人员，不能对提升设备进行正常维护，导致提升设备的正常功能和相关的安全保护设施失效，甚至还有人认为这些装置没用，其不知安全保护装置一般正常情况下不应发生作用，只有当出现危险紧急情况时，才起保护作用。

（5）提升设备老化严重。相当多的矿山企业为了节约成本，购买旧提升设备安装使用，提升设备安全保护功能丧失。有的使用年限过长，连生产日期都难以查明，这些提升设备的性能和安全保护功能均难以满足现行规程规范的要求。

（6）提升设备管理不到位。表现为资料丢失、技术资料不齐全或没有技术资料，导致难以对提升设备进行正常维护和完善。

（7）有些矿山企业负责人虽然知道安全工作的重要性，但苦于缺少安全技术人员或技术人员对提升设备安全知识知之甚少，不知道如何进行日常检查和维护。在检验过程中，有很多企业主动派出技术人员与相关机构检验人员一同检验，以便了解受检设备的安全要求和检测检验方法，学习相关知识，力图改变这种尴尬的局面。相关机构检验人员也尽量宣传相关知识，解答相关问题。

目前，大量的非国有小型矿山，甚至有些地方的安全生产监督管理人员，在思想认识方面还存在以下几方面的模糊认识。

（1）对检测检验工作认识不清。由于以前国家没有对在用设备检测检验提出明确的要求，因此人们对此普遍存在认识不足，将检测检验和一般的检查混为一谈，认为检测检验是看一看，走过场。

（2）对在用设备的安全性能重视不够。大量的非国有小型矿山负责人认为，不需要进行在用设备检测检验，其没有认识到在用设备安全性能的重要性，没有考虑到提升设备需要有余量，长期满负荷或超负荷运行出了安全事故后，第一反应是逃避责任，法律意识淡薄。

三、金属非金属矿山设备安全检测检验工作的重要性

检测检验工作是一项严肃、科学、公正的技术服务工作，检验机构必须能够客观的给出被检设备的现状评价，发现存在的安全隐患，为企业完善安全设施提供依据，促进矿山企业提高和完善重要设备的安全技术措施、提高管理水平、增强安全意识。同时，检测检验的结果要能为安全监管部门了解企业情况和执法提供科学依据，以便解决存在的安全问题。目前，由于大量的非国有小型矿山企业技术力量薄弱、人员素质低，因此检验人员必须提供一些必要的技术咨询，并宣传安全生产的相关知识。为此，在实际工作中，检验人员必须坚持检测检验客观公正的工作作风，一方面，严格按规程规范和标准进行检验，不放过任何安全隐患，对检验中发现的问题，书面告知并要求矿山企业定期整改；另一方面，要为矿山企业提供优质服务，坚持服务至上的原则，积极协助矿山企业整改，积极为他们提供咨询服务。另外，还要求检验人员扎扎实实做好检测检验准备工作，科学制订检测检验方案。

从国内情况来看，我国非煤矿山每年死亡人数在国内各行业中排第3位。从国际上来看，我国非煤矿山每年因事故死亡人数在世界上最高。其重大事故发生率高，危害大，矿山安全生产形势非常严峻。从总体情况来看，众多井下开采的小型矿山安全生产条件差，工人的生产安全没有保障，是最危险的行业。

非国有小型矿山往往事故严重，重大伤亡事故发生率高，这与其采矿秩序混乱、缺乏安全生产知识、使用的设备混乱、生产设备不具备安全生产基本条件、无证开采等有关。与国外矿业发达国家相比，我国该类矿山的生产设备落后、安全措施欠缺、劳动生产率极低。

因此，我们必须清醒地认识到促进安全生产水平的提高，应从重要设备的安全性能定期检测检验、整顿矿业秩序等几个主要方面入手，逐步改变生产设备落后、缺乏安全知识、采矿秩序混乱的局面，按照安全规程和有关规定的要求，完善安全措施，提高矿山企业的整体管理水平。随着检测检验工作的开展，矿山在用设备的安全性能水平也必将提高到一个新的水平。

第七节　湖北省矿山在用设备安全检测检验工作情况

为贯彻落实《中华人民共和国安全生产法》，湖北省自2007年开始开展矿山在用设备的检测检验工作以来，已有一段时间，全省检测检验机构也从最初的2家发展到现在的数家，每年检测检验的项目近300项，检测检验的在用矿山设备过千台（套）。通过2个检测周期的检测，在进行检测检验的同时对矿山企业进行现场安全技术咨询、培训服务，促使矿山企业淘汰了一部分安全装置不齐全、安全设施无保障的陈旧设备，完善了矿山在用设备的各种安全保护装置、安全设施的规范，促进了矿山安全、高效、节能先进技术设备的推广使用，如选用具有安全保护装置齐全、全自动控制、可实现无人值守的螺杆式空气压缩机；选用变频调速、盘型液压制动控制的提升机（绞车）；选用对旋式、变频调速控制的通风机；等等，使矿山企业的在用设备完好率水平有了很大提高，也在充分发挥检测检验机构的技术支撑方面起到了一定的作用。

随着安全生产法制建设的逐步完善，涉及人身安全的矿用产品，将依法进行强制检验。强制检验产品工作只能由具有资质的检测检验机构承担，没有取得资质的检测检验机构，不能承担法定的强制检验工作。强化和规范湖北省矿山安全生产检测检验工作，提高对开展矿山在用产品安全检测检验工作必要性和迫切性的认识，要求所有矿山在用设备、材料、仪表必须具有可靠、稳定的安全性能和使用性能，对矿山在用设备的安全性能进行强制性的检测检验是十分必要的。通过建立强制性矿山在用设备检验制度，督促矿山企业加强对矿山在用设备的经常维护、维修和保养，提高矿山在用设备的管理水平，减少由于矿山在用设备引发的安全事故，达到矿山企业安全生产的目的。

由于湖北省大多数矿山企业规模小、基础弱、缺乏专业技术人员，矿山企业普遍存在安全投入不足、设备老化、"带病"运转的现象，针对矿山（特别是井下）在用设备运行的现状，湖北省迫切需要建立起一个统一的、规范的矿山在用设备监督管理办法，对矿山在用设备进行强制性的定期检测，督促矿山企业加强在用设备的管理，提高在用设备的安全性能，减少在用设备引发的各类事故。

为了加强对矿山安全生产检测检验工作的管理，促进矿山安全生产检测检验机构健康发展，规范检测检验的行为，确保检测检验质量，为安全生产监督管理（煤矿安全监察）工作提供技术支撑和技术保障，保证生产经营单位安全生产，湖北省需要结合《中华人民共和国安全生产法》《中华人民共和国矿山安全法》《煤矿安全监察条例》等法律法规，及时制定"湖北省安全生产检测检验管理办法"，对该省生产经营单位的安全生产进行有效监督管理，对该省检测检验机构的检测行为进行规范和约束。

在制定"湖北省安全生产检测检验管理办法"过程中应重点解决以下几个方面的问题。

一、明确强制检测检验的矿山在用安全产品的范围（目录）及检测检验的周期

国家安全生产监督管理总局、国家煤矿安全监察局2012年5月10日下发了《煤矿在用设备设施安全生产检测检验目录（第一批）》，湖北省煤矿安全监察局应根据本省煤矿安全生产检测检验工作实际，制定适合于本省煤矿安全生产实际的检测检验目录及检测检验周期。

二、明确检测检验项目的收费标准和收费依据

在没有收费标准和收费依据的情况下，对生产经营单位和检测检验机构都没有一个统一管理的有效约束机制，存在无序竞争，生产经营单位得不到应有的服务。

通过制定有关检测项目的收费标准和收费依据，指导检测检验机构合理收费，从而减轻矿山企业负担。检测检验服务收费应公开透明，通过网站、客户接待室公开、公示检测检验收费标准，采取措施使收费公开、透明，按照公开的收费标准进行收费服务。

三、加强专业队伍人才建设

生产经营单位应配备一定数量的专业人员从事矿山在用设备的管理、安装、维修、维护和保养工作。

检测检验机构的检测检验队伍应由专业人员组成,需要进行有关法律、法规、专业知识的培训,统一发证,持证上岗作业。对从事矿山在用设备检测检验的专业人才,要求是矿山相关专业且具有多年矿山实际实践经验,能够解决矿山设备问题的专业技术人员。

四、统筹规划、合理布局、总量控制检测检验机构

矿山企业地理环境位置的特殊性,大多数位于偏僻的山村,上矿路途遥远。统筹规划、合理布局检测检验机构就近服务,节省成本,提高服务时效及服务质量。总量控制检测检验机构数量,有效地利用人力、物力资源,从而更好地为矿山企业进行技术服务。

检测检验工作是一项常规化、常态化、经常性、周期性的工作。检测检验服务机构应提高认识,扎扎实实落实开展工作,不能流于形式走过场;应科学、公正、客观地进行服务;为矿山企业提供技术指导服务,为湖北省各级安全生产监督管理部门提供科学管理依据,充分发挥中介服务机构的技术支撑作用。

第八节　安徽省金属非金属矿山在用设备安全检测检验工作情况

2016年安徽省安全生产科学研究院对部分地市进行了金属非金属地下矿山设备设施检测检验工作,共检测矿山企业33家,其中大中型矿山企业10（30%）家,小型矿山企业23家;国有矿山企业6家（18%）,私营矿山企业27家。还检测了201台设备,其中提升设备54台,主通风机38台,主排水泵108台,井下移动式空压机1台。检测中共发现问题260项,其中提升设备发现问题143项,其他设备发现问题117项。

一、检测结果统计分析

（一）按企业规模

本次共检测大中型矿山企业10家，检测了设备80台。其中，提升设备21台，主通风机14台，主排水泵45台；存在问题76项。

本次共检测小型矿山企业23家，检测了设备121台。其中，提升设备33台，主通风机24台，主排水泵63台，移动式空压机1台；存在问题184项。

大中型矿山企业单台设备平均存在问题0.95项；小型矿山企业单台设备平均存在问题1.52项，是大中型矿山企业的1.6倍。该统计结果表明，大中型矿山企业在用设备的安全性能明显好于小型矿山企业。

（二）按企业性质

本次共检测国有矿山企业6家，检测设备55台。其中，提升设备15台，主通风机8台，主排水泵32台；存在问题50项。

本次共检测私营矿山企业27家，检测设备146台。其中，提升设备39台，主通风机30台，主排水泵76台，移动式空压机1台；存在问题210项。

国有矿山企业单台设备平均存在问题0.90项；私营矿山企业单台设备平均存在问题1.44项，是国有矿山企业的1.6倍。统计结果表明，国有矿山企业在用设备的安全性能明显好于私营矿山企业。

通过结果比较发现，国有矿山企业单台设备存在问题平均数量较私营大中型矿山企业降低0.05项，说明国有矿山企业在用设备的安全性能好于私营大中型矿山企业；而私营矿山企业单台设备存在问题数量较小型矿山企业降低0.08项，原因是私营矿山企业统计数据中包括了私营大中型矿山企业，说明私营大中型矿山企业在用设备安全性能好于国营小型矿山企业。

（三）按设备种类

按设备种类可分为提升设备、主通风机、主排水泵、井下移动式空压机。其中，检测提升设备54台，发现问题143项；主通风机38台，发现问题45项；主排水泵108台，发现问题70项；移动式空压机1台，发现问题2项。

提升设备单台平均存在问题2.65项；主通风机单台平均存在问题1.18项；主排水泵单台平均存在问题0.65项。该统计结果表明，提升设备存在的问题相当严重。

提升设备主要存在的问题：闸瓦空行程时间大于标准要求值（0.3 s）；液压站无相关保护装置或保护装置失效；二级制动失效；过卷装置安装位置错误；深度指示器失效，保护装置有故障；闸瓦间隙保护装置安装错误；信号装置未按要求与安全门、摇台闭锁或闭锁装置投入使用；钢丝绳选型错误；未按要求定期检测等。

主通风机主要存在问题：缺少风机资料；缺少风机铭牌、相关标识、标牌等；无反风设施；未配备消防器材等。

主排水泵主要存在问题：缺少水泵资料；未按要求定期检测；未安装进出口压力表。

二、原因分析

以上统计分析结果表明私营小型矿山企业在用设备安全性能较差，其中提升设备存在问题严重。以下从安全管理和提升设备两方面分析。

（一）安全管理

私营小型矿山企业安全管理意识淡薄，管理方法欠缺，安全生产责任制未得到有效落实。管理制度只停留在文字上，没有具体执行。设备原始资料缺失严重，个别设备甚至没有任何资料；没有设备运行、维护保养记录。设备检查内容盲目照搬照抄，不切合实际，检查活动形同虚设。

私营小型矿山企业缺少机械设备技术人员，通常由电工代替；没有对设备出厂质量或安装过程中存在的安全隐患进行识别的能力；所购买的设备为非矿用产品，不符合安全标志管理规定要求，不满足设备本质安全要求；安装质量不合格，缺少必要安全保护装置；发现安全隐患不能及时解决，设备"带病"运行现象比较普遍。

（二）提升设备

提升设备生产厂家多，产品质量参差不齐，部分厂家的产品偷工减料，甚至存在提升绞车贴牌销售现象，仅仅依靠安全标志管理很难确保产品的出厂质量。

因为提升设备结构复杂，自动化程度高，使用频率大，所以对设备运行、管理人员的专业知识要求高。目前，面向企业的适用技术培训大部分都是取证培训，而设备管理人员，无取证要求，基本没有经过专门培训，不能有效地对设备进行正常维护和保养。

三、建议

（1）加大培训力度，提高设备维护和管理水平。让企业相关人员掌握矿山设备的管理规定，特别是矿用产品安全标志管理规定、矿山设备淘汰产品目录等，防止购买不合格或淘汰产品。针对设备基本原理，学习日常维护保养技术，开展相关业务知识培训，确保相关人员能够正确、有效地对设备进行日常管理。

（2）严格把关设备安装检验质量。设备在安装过程中出现误差，对整个系统将产生很大的安全隐患，特别是提升设备的中心线确定、地脚螺栓安装、液压站清洗等，一旦安装结束后，再进行调整难度很大；同时，中小型矿山企业技术很难对提升设备的安装质量进行把关，因此建议参照特种设备管理规定，在提升设备安装过程中请专业人员对其安装质量进行监督检验，并对关键环节的安装质量进行严格把关。

第九节 矿山机械设备故障的诊断与维修

对煤矿企业而言，矿山机械设备是其生产中最重要的工具，尤其是在全面现代化的的今天，对煤矿企业的生产技术水平进行衡量的一个重要指标就是机械设备。而保障企业能够进行生产经营的基础则是进行机械设备的管理及对故障进行分析和维修，同时其也是保障产品质量的重要前提，亦是提升企业利润的主要途径。故而，煤矿企业对机械设备的管理要求严苛，且要合理地使用有助于故障诊断的各种技术，切实有效地做好机械设备的维护工作。

对矿山机械设备出现故障的原因进行分析主要牵涉到对系统的分析、对结构的分析及对测试的分析，还涉及与断裂相关的多种知识。一般而言，对矿山机械设备故障原因进行分析时主要从以下几个方面入手：首先，对故障产生的原因及机理进行确定。这就需要对导致机械故障的元件进行无损检验，并对其性能进行测验，即从宏观和微观两个方面对断口进行检查，综合分析各检验的结果，对导致故障的原因等进行初步的确定。其次，相关技术人员对故障的发生情况进行详细的调查和了解。要对故障发生的具体时间、当时的环境条件及设备使用的条件等资料进行收集，同时对故障件的图样、使用方法、验收报告、是否出现过故障、维修记录等一些基本资料进行整理，而后对故障件进行检查和清洗等。最后，技术人员要对调查得到的所有资料进行分析和总结，并给出一个包括确定的结论及建议在内的报告，这既能够积累数据资料，又有助于对工作的改进及方便日后经验的交流，此外也能够为索赔提供书面材料。

一、矿山机械设备故障的特点

（一）潜在性

矿山机械设备主要使用在采集、选择矿石等矿山作业当中，平时的工作量巨大。矿山机械设备在使用当中，非常容易出现损伤。不管是矿山机械设备的哪一部分受到损坏，都将在该设备内部参数方面有显著的表现，如果这个参数超出设备的最大承受值，则会直接导致矿山机械设备内部出现潜在故障。

（二）渐发性特征

矿山机械设备故障是一个不断发展的流程，矿山机械设备不论是价值还是质量要求都非常严格，从而需要矿山机械设备具备非常稳定良好的性能及相对长的使用周期，一旦矿山机械设备自身具备一定的耐磨性和使用稳定性，就不容易出现故障，可是随着时间的不断流逝，矿山机械设备磨损日复一日，肯定会构成一系列的故障，那么就直接表现出其渐发性特征。

（三）耗损性

矿山机械设备使用过程中损耗是不可避免的，即设备在使用流程中，会随着时间的推移，质量出现比较大的变化，能量出现大的损耗，需要全面的维护，而一些设备即使全面维护也不能恢复到最初的性能。发生矿山机械设备故障的概率会伴随着维修次数的增加而增加，耗损性也会伴随着矿山机械设备使用时间的增多而增长，这是矿山机械设备使用的必然规律，不可逆。

二、矿山机械设备故障诊断的特征

随着科技的发展，对矿山机械设备故障进行诊断的相关技术也得到了发展，其主要有以下几个特征。

（一）发展方向趋于复合型

对矿山机械设备故障进行诊断的技术涉及范围十分广泛，其中囊括了物理学、动力学和摩擦学等多个学科。可以说矿山机械设备维修是一个综合性很强的行业，故而，对维修人员知识面及工作经验等方面的要求都比较高。

（二）实践性

在矿山机械设备出现故障进行诊断中，应用的技术及维修的方法均需要与实际状况相结合，并以实际为基本依据，因此对矿山机械设备故障进行处理的结果具有实践性。

（三）一定的目的性

一般而言，对矿山机械设备出现的故障进行诊断时，诊断目标十分明确，从而可以针对性的发现相关设备运行系统中出现的故障，并使用相应的技术，对发生故障的位置进行精确的定位，研究分析产生故障的具体原因，并在此基础上确定维修的具体方案。

三、矿山机械设备故障诊断方法

（一）利用工况参数进行监测

工况参数重点包含了设备温度、正常压力、振动情况，技术工作人员需要通过对这些参数的诊断来发现故障目标。可行性主要是指矿山机械设备故障在运行过程中温度一般都会存在异常，据此，技术工作人员可以将每一个设备各个部件工作的正常温度录入系统数据库中，一旦在线监测系统中出现温度异常，就能够按照指标对出现故障或者将要出现故障的详细位置及可能因素进行辨别，维修工人接收到警报之后可以马上修复故障，以确保设备正常运转。

（二）智能检测技术

此种诊断技术主要是按照系统控制将人脑特征进行模拟，从而更加方便地将故障信息进行传输、处理、利用，使用系统当中已经设定好的专家诊断经验和策略进行故障诊断的方式。此种诊断技术当前已在我国获得良好的研究成果，其中较好的就是人工神经网络及专家系统，矿山企业工作当中应用非常广泛，具备非常大的发展效果。另外，矿山机械设备故障有非常强大的潜在性和复杂性，这直接给传统的故障诊断方法带来了困难，使人们无法及时对故障进行准确判断。可是利用智能检测技术就能够利用其特有的优点将这个问题解决，从而能够精准地分析故障，获得科学合理的诊断结果。

因为矿山机械设备的功能、构造及工作状态不同，所以故障时所表现出来的形式也不完全相同，其多发的故障主要有：矿山机械设备的性能参数出现忽然间的降低，由于磨损而产生的残留物显著增多，电压及电流出现剧烈的波动等。发生矿山机械设备故障的方式较为多样，这充分体现了造成故障的原因比较复杂，此外，煤矿设备发生故障的概率也不是一成不变的，而是随使用时间的延长而发生着一定的变化。但一定要在故障发生以后及时采取相对应的方式进行处理。

（三）利用矿井提升机检测技术

一般而言，保证矿井的提升机能够安全的运行工作，对确保整个煤矿正常运转有非同一般的意义，其还与煤矿工作人员工作环境的安全性关系密切。在进行诊断时，首先要对工矿参数进行测量，对取得的相关数据进行处理和研究。一般来说，软故障是导致硬故障的一个诱因，故而技术人员要充分重视对软故障的检查和维修，最好能够定期进行预诊。为了充分保障提升机能够安全平稳的运行，科技工作者对各类技术进行了大量的分析，从而研究出能够对提升机进行诊断的检测设备，以确保提升机能够顺利运转。

（四）利用信息处理技术

现场采集到的与矿山设备相关的各类信息，并不能直接被用来作为判断设备当时状况的依据，因为这里面既有有关的信息也有无关的数据，所以，首先要处理采集到的信息，筛选出有价值的信息并将其转换成机器或者人能够读懂的信息，如此才能够真正意义上完成信息的采集，在此过程中，信息处理技术发挥了重要的作用。

（五）利用工况参数进行监测

工矿参数主要囊括设备的温度、正常压力及振动状况等基本参数，技术人员可以对这些参数进行诊断以发现故障，这里拿温度诊断进行举例说明，其可行性基础是故障设备在运转工作时温度一般都存在异常，基于此，技术人员可以把每一种设备中的各个部件工作的正常温度录入系统的数据库中，如果在线监测过程中发现温度出现异常，就可以依据数据指标对已经出现故障或者将要出现故障的具体位置及可能的原因进行判断，维修技术人员接收到警报以后就可以马上对故障进行修复，从而保证矿山机械设备能够平稳运行。

（六）矿山机械设备投入资金应有一定的保障

截至目前，仍然有不少煤矿企业依旧使用着相对原始的矿山机械设备，老化的矿山机械设备导致相关技术水平受限。煤矿企业应该增加对矿山机械设备资金的投入，淘汰一批噪声污染严重，耗电量大的老旧设备，购置新型高科技矿山机械设备，这既能提升矿山机械设备的性能，又能提高工作效率。

四、矿山机械设备故障维修处理策略

（一）预检

普遍来说，矿山机械设备预检工作主要是主修技术工作人员负责，并且需要在矿山机械设备使用单元的人员及机械操作工作者的互相协作之下完成的。实现矿山机械设备预检工作不但可以将机械设备的劣化位置和程度进行验证，还能够利用预检工作将可能存在的问题及时找到，有助于深入的对矿山机械设备进行了解，同时结合矿山机械设备技术状态变化规律，从而可以确定出更加有效的维修计划。

（二）故障维修

故障维修工作的目标是将故障排除，使矿山机械设备恢复完好状态。矿山机械设备当中的故障小修主要是将矿山机械设备运行过程中的局部故障排除，其维修工作一般以局部换件、调整为主，以达到修复后矿山机械设备性能与出现故障之前一样，此过程一般就叫作最小维修。矿山机械设备当中的大中维修主要是对矿山机械设备的彻底维修，从而最大限度地恢复矿山机械设备性能。

（三）三级养护制度

我们一般采用三级保养制度对矿山机械设备进行维护，这表明我国矿山机械设备的维修管理工作的重心从修理转变成保养，更加注重对故障的预防。三级保养制度是一种以操作者为主来对矿山机械设备进行强制性维修的制度，在此过程中将保护作为重点，同时兼顾维修。这种保养制需要依赖于全体成员，并充分调动所有人的积极性，从而使管理和维修依靠全员，以及专业人员和群众相结合来共同对矿山机械设备进行养护。

三级保养制度主要包括对矿山机械设备进行日常的维护和保养，以及一级保养与二级保养。三级保养制度把在对矿山机械设备的管理工作中将维护保养的地位突出出来，对操作工人的工作要求进行了具体化，从而促使维修人员对矿山机械设备进行维修方面的知识及技能有所提升。三级保养制度在我国企业应用中获得了较好的效果。一方面，其在一定范围内增加了矿山机械设备的完好率，使矿山机械设备发生故障的概率有所下降；另一方面，其还使矿山机械设备大修的周期得到了一定的延长，且降低了大修的费用。

总之，煤矿企业进行生产的条件及过程均比较复杂，这促使煤矿企业机械化的程度在不断加深，而想要保证矿山能够稳定的进行生产，提升效益，就必须要合理的使用故障诊断的各种技术，同时做好矿山机械设备的维护，使矿山机械设备正常平稳工作。

（四）强化矿山机械设备故障维修处理方法

目前，对矿山机械设备常见的故障问题，我们最常用的维修处理策略就是专业维修加综合作业。现实情况中最为常见的矿山机械设备维修方法就是互换修理和单机维修两种。单机维修方式需要投入大量的时间，但是效果不佳，所以并不建议采用。对互换修理方法来讲，全部拆下矿山机械设备零部件，一方面可以对替换零部件进行修复；另一方面修复完毕之后可以给检验工作带来方便，从而节省了人力物力。利用互换维修方式可以极大地减少矿山机械设备维修时间，提高矿山机械设备完好率，保证运行期间矿山机械设备的质量和使用寿命。

总而言之，矿山机械设备故障不是骤然出现的，而是在长时间的使用当中经过不断磨损、腐蚀、老化产生的。为了保证采矿作业安全高效率，采矿单位需要增强对矿山机械设备的管理力度，增强有关工作者的维修养护意识。在未来的工作当中，有关工作者需要利用实践将经验积累下来，将自身的技术水准提高，从而保证矿山机械设备运行的健康、可靠、稳定。

五、实例分析

（一）有色金属矿山机械设备的使用维修

1.预防维修

预防维修可以分为维护保养和修理，总体而言预防维修是在机械设备存在潜在故障的情况下，实现零件损伤的消除和减轻，其主要包括三方面的工作，即例行保养、定时保养和特殊条件下的保养。以下就前两种保养进行介绍。例行保养是对机械设备的外表进行护理和维修，并不改变机械设备的年龄和故障率。例行保养包括对机械设备进行清洁、润滑、检查和紧定等，以改进和维持机械设备的使用现状。定时保养主要是对机械设备进行进一步的清洁、润滑、检查、调整和局部换件等，通常可以分为一级保养、二级保养和三级保养，不同级别的保养对象、保养周期、维修范围及性能恢复度有所不同。

2.故障维修

故障维修是对存在功能故障的有色金属矿山机械设备进行维修，以恢复有色金属矿山机械设备的良好工作性能和状态。故障维修可以分为故障小修、中修和大修。故障小修是针对有色金属矿山机械设备运行过程中出现的局部故障而言的，一般需要局部换件或者进行合理的调整，最终恢复有色金属矿山机械设备的正常功能。小修后有色金属矿山机械设备的性能和故障率与之前是相同的。

3.日常保养

在日常工作中，应组织工作人员定期、定时对有色金属矿山机械设备进行检查，这种检查主要包括有色金属矿山机械设备运转前、运转中及停机后三部分，保证故障能够及时被发现解决。除此之外，还应安排专业技术人员，按充分学习、运用先进的维修和保养技术，提高企业员工的保养维修技能，最大限度地发挥有色金属矿山机械设备的经济效益。

（二）有色金属矿山机械设备的故障诊断技术

1.油液监测技术

油液监测技术是对有色金属矿山机械设备所用的油液进行理化分析来确定有色金属矿山机械设备运行状态的一种监测手段，根据数据类型或者经验来判断有色金属矿山机械设备是否正常运行和故障存在的情况。

有色金属矿山机械设备中齿轮油的状态监测，即根据油品情况分析齿轮及轴承的磨损情况，并对故障原因进行初步判断，及时找准故障点并快速检修。此外还可以根据油品情况，及时更换齿轮油，优化齿轮润滑油品的选择。发动机机油的监测。在故障检测中主要从两方面对发动机机油进行检测。首先有针对性的分析发动机出现的异常现象；其次根据故障或者异常特性取样分析，从而确定故障点和损坏程度，有针对性地进行保养和检修；最后就是对发动机进行保养，即合理地更换机油，对换掉的机油实行监测。

2.振动检测

在有色金属矿山机械设备日常运行中，将有色金属矿山机械设备产生的振动信号进行及时收集与分析处理，积极提取有用信息作为有色金属矿山机械设备状态监测与诊断的依据。具体来说，可以分为三步走：一是测定有色金属矿山机械设备整体的振动强度，进而判断有色金属矿山机械设备运行状态是否正常，是否存在运行障碍。二是通过频谱分析，具体定位异常故障发生在哪个环节上面。三是对于齿轮、滚动轴承等订制的零部件，通过特殊技术进行针对性深入研究。通常情况下，在有色金属矿山机械设备检测过程中，先进行整体强度测定，然后针对性地进行第二步检测、第三步定位，从而能够准确定位故障零部件的异常震动，并及时做出诊断。

3.无损探伤

无损探伤技术是当今技术发展的一个体现，是在不破坏机械零件结构的条件下，对零件内部或表面缺陷进行探测的一种技术。有色金属矿山机械设备的安全运行、保证有色金属矿山机械设备检修质量和效率重要性的关键是确认机械构件是否有缺陷。在现实生产中，检测探伤的方法有超声波探伤、着色探伤和磁力探伤。超声波探伤应用非常广泛，主要用来探测金属内部缺陷。而探测金属表面裂纹主要应用磁力探伤和着色探伤。

4.红外测温

有色金属矿山机械设备运行正常与否，一般会通过温度的形式展现出来。现阶段，出现了激光测温、微波测温等新型的测温技术。例如，可以通过红外测温技术监测有色金属矿山机械设备轮轴箱的温度。在矿区运输干线两侧的钢轨上放置红外测温仪，红外测温仪会逐个扫描通过的轴箱，并且输出相对应的信号，从而记录下来。若某个脉冲信号非常强，则证实这一轴箱的温度过高。然后结合具体的脉冲信号位置，准确地判断温度过高的轴箱，然后及时、有针对性地采取解决对策，以防止事故发生。

5.机械液压系统的诊断技术

主观诊断技术。主观诊断技术是指维修人员采用简单的仪器凭借自身的实践经验对故障产生的原因与部位进行分析与判断。其中包括直觉经验法、逻辑分析法、参数测量法、故障树分析法与堵截法等。

仪器诊断技术。仪器诊断技术是指依据液压系统的温度、压力、流量、震动、噪声、油的泄露与污染、执行部件的力矩、速度等方面，经过仪器显示或者是计算机运算而得出诊断的结果。其方法包括震动诊断法、铁谱记录法、热力学诊断法与声学诊断法等。

智能诊断技术。智能诊断技术是指模拟人脑的技能，有效地获取、传递、处理与利用故障信息，使用大量独特的专家经验与诊断策略，识别与预测诊断对象，其方法包括灰色系统诊断法、模糊诊断法、神经网络诊断法与专家系统诊断法等。

总而言之，有色金属矿山机械设备的使用与维修是一个复杂且系统的工程，需要在机械生产源头把握质量关，在机械的使用中提升操作人员的维修意识和技术水平，并注重对机械的保养，多方位、全面地保证机械设备的有效使用和维修，使机械能够更好地为生产服务。

六、矿山机械设备故障诊断技术实际应用

（一）加强日常机械设备巡检

矿山机械设备故障发生后，工作人员需要积极查找问题发生的原因，结合经验做出准确分析判断。切实有效进行矿山机械设备运行检测，减少故障损失。故障发生有着一定的前期特征，相关工作人员如果能够及时发现前期故障隐患并加以控制，就不会形成故障。日常矿山机械设备检测能够快速找到故障问题，为故障排除提供有力依据。因此，我们要做好日常检测工作，尽早发现矿山机械设备运行过程中的潜在故障隐患，合理规避隐患。日常检测的开展离不开完善的管理制度，因此我们应明确管理细则，从实际出发，结合技术人员自身情况，责任

到人，明确个人岗位职责。我们还应不断提升工作人员的思想，使其充分认识到日常检测工作的重要性，从而做好日常质量保障工作。积极建立完善的故障检测体系，结合矿山机械设备实际运行情况，建立科学合理的矿山机械设备检测检查制度，规范矿山机械设备日常管理维护。一旦发现问题，要及时进行处理，并上报故障信息，减少矿山机械设备故障损失。作为一线技术人员，应具有高度的忧患意识，积极主动配合管理工作，不断提升自身技术和知识水平，从企业整体利益出发，保证矿山机械设备运行安全。

（二）学会关注重点

矿山设备是矿山开采过程中的重要组成部分，它并非独立存在的，而是需要各个环节相互配合、协调一致，才能保证相关工作的顺利完成。矿山机械设备一旦出现问题，就会影响矿山开采，降低工作效率，影响企业效益。在进行开采工作时，要有所侧重地关注关键矿山机械设备，实施严格的科学化管理，保证关键矿山机械设备的安全、可靠运行，避免各类故障。企业应聘请专家进行知识讲授，做好故障检测工作，提升故障检测效果，贯彻落实各项思想教育工作，完善企业管理制度，为故障检测提供有效保证，从而更好地完成故障诊断任务目标。

矿山设备维修过程中可能发生各种各样的问题，企业需要从自身实际出发，积极采用现代化先进故障诊断技术，做好矿山机械设备故障的检测和排除工作，努力使矿山机械设备安全隐患尽早排除，从而保障矿山机械设备运行安全，提升企业经济效益。

对矿山设备机械维修过程中的故障问题进行分析研究，结合专业技术知识和自身工作经验提出故障检测方法，分析各种故障诊断技术的具体应用，希望能够为矿山设备故障诊断提供有益意见和建议，不断提升矿山机械设备故障诊断技术水平，实现企业经济稳步增长。

第十节 矿山机电设备故障诊断技术及其应用原理

一、矿山机电设备故障诊断技术应用原理

矿山机电设备技术含量较高，因此应结合矿山机电设备实际应用特点，不断加强技术维护，从而综合全面分析潜在故障，提升故障诊断的准确性和及时性。在矿山机电设备维修过程中，会遇到各种各样的问题，只有将实际与专业技术相结合，理论联系实际，全面提升矿山机电设备维护管理水平，才能更好地完成相关设备的维护管理任务。

矿山机电设备结构复杂，进行故障诊断难度也较大。因此，应重视各个环节的故障诊断，从根本上排除矿山机电设备故障。矿山机电设备故障诊断应遵循科学、有效原理，结合实际，构建数学模型体系。当矿山机电设备运行正常时，工作人员要做好各项数据的记录，为以后的数据比较提供有力参考，通过数据对比，发现潜在故障问题，并进一步确定故障原因。矿山机电设备故障位置的准确判断，离不开科学、有效的数据技术采集、上传、分析，应利用关键性数据对故障做出正确判断。矿山机电设备信息研究阶段，应结合分析识别技术，确定故障种类，并在故障最终判断上，根据信息情况分析做出理智判断，最后将分析结果上传，让相关人员能够及时了解、掌握相关设备故障情况，快速制定有效的故障排除方案，尽早解决相关设备故障，从而保障矿山机电设备的安全、稳定运行。

二、矿山机电设备故障诊断技术

（一）主观诊断技术

主观诊断是以相关技术人员经验技术为依托，从而进行矿山机电设备实际运行状况的分析，以确定故障的具体位置和发生原因。这种技术从一定程度上节省了仪器检查、分析时间，有一定的应用价值，但是这种方法受技术人员经验和

知识影响较大，对技术人员要求较高。技术人员需要掌握简单的诊断仪器知识，还要对矿山机电设备运行状况有足够的了解，从而能够凭借自身经验技术，对故障现象做出准确判断，快速找到问题的症结，及时排除故障，减少矿山机电设备故障损失。主观诊断技术适用于任何种类的矿山机电设备故障，技术人员应积极积累经验，提高自身专业知识和技术水平，以满足实际需要。但要想所有技术人员具有主观诊断技术水平是不现实的，单纯依靠这种技术进行故障判断的难度也较大。因此，应深入研究各种故障诊断技术，提升故障诊断的及时性、有效性，争取第一时间发现问题、排除故障，从而实现安全生产、高效生产。

（二）仪器诊断技术

仪器诊断技术是利用先进诊断仪器进行矿山机电设备故障诊断，技术人员需要根据矿山机电设备实际使用情况做出科学、合理判断，并对矿山机电设备运行情况实施科学有效检测。由于仪器诊断技术科学含量较高，技术运用检测准确度较高。因此，仪器诊断技术实际应用范围较广，随着仪器诊断技术水平的不断提升，诊断仪器性能有了很大的提升，各方面功能趋近完善，诊断准确度较高。仪器诊断技术应用越发普遍，其技术作用也越来越大，该项技术将会在矿山机电设备维修检测中逐步推广，从而不断降低故障发生概率，减少矿山机电设备故障损失。

（三）数学模型诊断技术

数学模型诊断技术有着良好的故障诊断效果，在实际应用过程中，该技术主要运用数学知识，结合实际矿山机电设备运行数据，构建科学、有效的矿山机电设备相关模型，利用先进动态检测技术和传感器技术等科学手段，全面排除矿山机电设备故障隐患。该项技术通过对矿山机电设备参数信息的综合全面分析，提出正确、及时的故障处理办法，进而实现对矿山机电设备故障的科学有效判断，从而更好地满足矿山机电设备应用需求，提高生产效率。

（四）智能诊断技术

智能诊断技术是通过对矿山机电设备故障数据的有效采集，利用先进技术手段对采集数据进行输入、保存，建立完善的故障诊断体系。我们应结合实际情况，进行相关数据的对照和参考，合理判断矿山机电设备故障类型。该项技术作为一项综合诊断技术，有着较高的应用价值，是未来矿山机电设备故障诊断发展研究的重要内容。

第十一节　超声波、渗透无损检测技术在矿山机械设备上的应用

矿山机械设备的安全使用是避免煤矿事故发生的根本举措，由于矿山机械设备工作环境恶劣，容易产生疲劳裂纹及机械失效等问题，尤其是当矿山机械设备内部出现疲劳裂纹之后其仍然在高负荷的环境下运行，受损处就容易产生应力集中，进而导致构件发生断裂，从而产生安全事故，因此需要我们通过超声波、渗透无损检测技术对矿山机械设备进行安全检测，及时发现存在的问题与故障，进而制定相应的解决对策，使得矿山机械设备能够在安全、高效的状态下工作。

一、矿山规程、标准对设备无损检测的具体要求

其主要检测主绞车的主轴、制动杆件、天轮轴、连接装置，主要通风机的主轴、风叶。《煤矿安全规程》第四百一十二条规定：立井提升容器与提升钢丝绳的连接，应采用楔形连接装置。每次更换钢丝绳时，必须对连接装置的主要受力部件进行探伤检验，合格后方可继续使用。

二、超声波、渗透无损检测技术的原理

超声波无损检测技术是一门新型的综合性技术，无损检测就是在不破坏机械设备物理结构和机械结构的基础上利用各种声、光、磁等特性，对机械设备的缺陷进行判断，从而确定机械设备目前的状态。超声波无损检测技术主要利用超声波的工作原理：超声波在均匀连续弹性介质中传播时，其很难出现能量损失，而当存在发射、折射等现象时，此种能量损失就会增加。因此当设备出现缺陷时，超声波就会出现能量损失的现象，进而可以判断该设备存在故障缺陷。

渗透无损检测是一种以毛细作用原理为基础的检查表面开口缺陷的无损检测方法。其原理是：经一定时间的渗透，在毛细管作用下渗透液渗透到表面开口缺陷中；去除零件多余渗透液并干燥后，再在零件表面涂显像剂；在毛细管作用下，显像剂吸附缺陷中的渗透液，使渗透液回渗到显像剂中；在一定光源下（黑光或白光），缺陷处渗透液痕迹被放大显示（黄绿色荧光或鲜艳红色），从而探测出缺陷形态及分布。

三、超声波、渗透无损检测技术在矿山机械设备中的应用

无损检测技术能够应用到矿山机械设备的制造与维修中，提高对产品质量的检测，最重要的是超声波无损检测技术实现了不破坏矿山机械设备的物理结构，大大提高了矿山机械设备无损检测的效果和设备检修的工作效率，因此超声波、渗透无损检测技术被广泛地应用到矿山机械设备检修中。结合工作实践，目前矿山机械设备检测应用无损检测技术主要表现在以下几方面。

（一）在煤矿提升机轴中的应用

煤矿提升机轴是煤矿提升设备的重要零件，由于长期运行，煤矿提升机轴难免会出现损伤，而部件损伤如果没有及时处理就会产生严重的安全事故，因此需要定期检测，一般我们应该选择磁粉检测或者渗透无损检测的方法，对其表面进行无损检测，或者对于轴类的端面可以通过超声波的形式进行检测。具体检测就是将超声探头与煤矿提升设备的连接部件进行耦合安装。

（二）天轮轴超声波探伤

对天轮轴超声波探伤也是利用超声波进行设备检测的重要形式，由于天轮轴的使用频率较大，因此需要利用超声波对天轮轴的疲劳损伤情况进行检测，以便及时发现问题，解决问题。具体应用时需要确定探伤敏感度，因为它将直接影响探测的结果。以内测纵波探伤为主，将仪器调整为内测纵波探伤扫查灵敏度，在被探天轮轴轴向（或周向）施加耦合剂，探头置于被探天轮轴轴向（或周向）处以锯齿形方式绕圆周做往复扫查，探头移动的距离范围应使整个轮座镶入部分都能探到。

（三）在主通风机叶片渗透探伤中的应用

风扇叶片不仅是保障井下空气流通的重要设备，而且也是井下各种有害气

体排除的主要工具，因此一旦主通风机的风扇叶片发生故障就会导致一系列的问题，严重的会导致煤矿出现安全事故，因此对风扇叶片进行表面检测是非常重要的，重点检测部位为风扇叶片根部向上200 mm。这部分区域在通风机中起着关键的作用，也是风扇叶片存在故障的高发区，因此需要严格监控该部位的疲劳损伤程度。现在常用的通风机风扇叶片的材料构成都是铝合金工件和钢件，铝合金的导磁性能非常差，没有办法用磁粉进行检测，所以我们选择利用喷灌溶剂去除型着色形式的渗透检测。

　　总之，超声波无损检测技术对提升矿山机械设备检修效率，提高安全生产具有重要的现实意义，因此在构建安全生产环境、实现煤矿企业经济效益的基础上我们要加强超声波无损检测技术在矿山机械设备检修中的应用，以此推动我国煤矿生产事业的可持续发展。

第三章　矿山通风系统检测检验

第一节　矿山企业开展通风机无损检测项目的重要性

一、通风机在矿山企业安全生产中的重要性

矿井通风分为自然通风和机械通风。自然通风和机械通风都是利用空气动力学原理，用风压克服矿井的通风阻力，促使空气加速流动，用于稀释并排出有毒、有害气体和粉尘，确保井下操作人员呼吸正常，降低矿井中作业区内的温度，防止煤炭发生自燃事故，同时改善井下作业环境。但自然通风一般风压都较小而且不太稳定，难以满足矿井的基本要求，因此，我国《煤矿安全规程》第一百二十一条规定：矿井必须采用机械通风。所谓机械通风就是利用主通风机以抽出式、压入式或抽压混合式等形式，促使矿井内空气加速流通，确保矿井通风的一种方法。

煤矿安全生产对主要通风机的要求严格。通风是安全生产的基础，通风状况的好坏直接影响井下操作人员的人身安全和生产效率。而通风机的正常运转是通风系统良好运行的前提和保障。

二、无损检测技术的发展现状

所谓无损检测技术就是在不损坏试件的前提下，借助先进的仪器和设备，利用物理或化学的方法，对试件内部、表面及近表面的结构、性质、状态进行检测的方法。

一般认为，无损检测技术的发展经历了三个阶段，即无损探伤、无损检测和无损评价。无损探伤被认为是过去式，无损检测是现在式，而无损评价则是将来式。

其中，无损探伤被定义为只检测和发现缺陷，无损检测则被定义为检测和发现缺陷的同时，还能获取一些与检测试件相关的简单信息。而对无损评价的期望就比较高，它要求在发现缺陷的基础上，还要获得与试件相关的综合信息。

在无损检测时代，超声波检测（UT）、射线检测（RT）、磁粉检测（MT）、渗透检验（PT）被认为是开发较早，应用范围较广的检测方法，同时被称为常规四大检测方法。就其各自的检测特点和局限性来分，其中超声波检测和射线检测主要用于检测试件内部缺陷，磁粉检测和渗透检验则主要用于检测试件表面缺陷及近表面缺陷。

目前，在工业、农业、石油、医学、军事和空间科学技术等许多科学领域应用较为广泛的无损检测方法还有涡流检测（ET）、声发射检测（AE）、微辐射射线（M-RT）检测技术、超声波衍射时差法（TOFD）检测技术、相控阵检测技术等。

三、通风机主轴的检测方法分析

轴类零件的选材，一般以45钢为主。根据不同的工作条件采用不同的热处理方法（如正火、调质、淬火等），来获得期望的强度、韧性和耐磨性。对精度要求低而转速较高的轴类零部件，可选用40 Cr等合金材料。

轴类零件的毛坯料一般以圆棒料和锻件为主，只有某些大型的、结构复杂的轴才会选用铸件。通风机主轴一般多以锻件为主，而轴类锻件的锻造工艺却以拔长为主。所以在大部分轴类零件中缺陷的取向多与轴类零件轴线平行。

鉴于通风机主轴的选材及缺陷形成的特点结合有些公司的实际检测，根据矿井使用通风机的型号不同。一般而言，对于离心式通风机主轴有些公司建议以超声波纵波直探头从径向探测为主，同时考虑到其他方向的缺陷形式，因此，还应辅以直探头轴向探测。对于轴流式通风机在使用过程中只能采用超声波纵波直探头从轴向探测，或在轴流式通风机大修时对主轴进行超声波纵波直探头从径向探测，并辅以直探头轴向探测，这样效果会更佳。

四、通风叶片的检测方法分析

叶片是风机的主要组成部件之一，因其长时间处于恶劣环境条件之下，其表面受到潮湿环境的锈蚀，同时在与气流、沙砾摩擦和风机振动的作用下使叶片产生较小的裂纹。裂纹形成后，随着风机运行时间的增长，裂纹也会迅速扩展，直至叶片断裂，导致事故的发生。

甘肃华辰检测技术有限公司现已根据无损检测方法和通风机叶片的选材与结构特点适时开展了通风机叶片定期检测项目。

（一）检测方案的选择

叶片在工作中要承受强大的风荷载、气体冲刷、砂砾摩擦等外界的作用。在各种外加因素的影响下，叶片由于材质老化、受力不均和加工过程中隐含缺陷的扩展都可能产生裂纹，而裂纹的出现一般会分布在叶片的表面及近表面，且分布没规律。目前，常规的四大无损检测技术中，只有磁粉检测和渗透检测适合于检测表面及近表面的缺陷。

根据叶片的选材、结构及检测环境，综合各种探伤方法的适用性和局限性，本书建议选择使用磁粉检测和渗透检测相互补充的检测方法。

（二）两种检测方法比较

磁粉探伤与渗透探伤只能检测试件表面缺陷。下面主要从两种检测方法的适用范围及优缺点来分析和比较。

（1）磁粉检测的适用范围及优缺点。

①其适用于检测铁磁性材料（如板材、型材、棒材、管材、焊接件、铸件及锻件），不适用于检测奥氏体不锈钢及其他非铁磁性材料。

②其检测灵敏度很高，可以检测表面及近表面的微小缺陷（如长为0.1 mm、宽为微米级的裂纹和深度为1~2 mm的近表面缺陷）及目视难以发现的其他缺陷。例如，白点、折叠、疏松、冷隔气孔和夹杂等。但其不能用于检查内部缺陷。

③其检测成本很低，速度很快。但是试件的形状和尺寸对探伤有影响，有时因很难磁化而无法检测，部分磁化后的试件具有较大剩磁需进行退磁处理。

（2）渗透检测的适用范围及优缺点。

①渗透检测可以用于除了疏松多孔性材料外的任何材料，但它只能检测零件表面开口的缺陷，对表面闭合的缺陷或内部缺陷则无法检测。

②其操作简单，不需要复杂设备，可以不用水、电，便于携带。但是其使用材料较贵、成本较高，检测工序多，速度慢。

③形状复杂的试件也可以采用渗透检测，并且一次操作就可以大致做到全面检测。

④对于同时存在的多个方向的缺陷，渗透检测用一次操作就可以实现。但渗透检测仅显示缺陷的表面分布，无法确定缺陷的实际深度，因而无法对缺陷做出定量评价。

鉴于以上两种检测方法的特点，本书根据矿井在用通风机的叶片选材及检测现场环境，建议铝合金及复合材料叶片采用渗透法进行检测，铁磁性风叶优先选择磁粉检测，并辅助以渗透检测，两种方法相互补充进行检测。这样一来检测效果会更佳。

无损检测技术在工业上的应用日趋广泛，但建议在检测过程中应结合现场实际情况选择适合的一种或多种检测检验方法，用以确保检测检验工作的合理性和保障被检测设备的正常运行。

第二节　3D 打印辅助实现矿山巷道安全性检测

本节将3D打印技术用于采矿区巷道系统性能的整体研究方面，从而减少了系统的不确定性因素，提升了系统的安全系数，对防范瓦斯爆炸，改进矿井通风效果，优化系统结构，有明显作用。此外，本节总结了3D打印巷道模型的具体步骤，为实现巷道安全检测提供了实测环境。

安全生产检测检验是煤矿安全管理实现科学化、精细化的重要支撑手段；煤矿安全生产检测检验应立足于为矿井安全生产服务，侧重点在于辨识"物的状态"、消除煤矿安全生产事故隐患；煤炭生产企业应将检测检验视为实现本质安全和主动安全的重要技术要素，并纳入企业安全技术创新体系。安全生产检测检验作为安全生产的重要技术支撑，在预防、控制矿山事故灾害中发挥着重要作用，这是世界发达国家实现矿山安全生产事故低发的成功经验之一。国家安全生产监管部门首先从煤矿入手，逐步对涉及人身安全的产品、设备的安全性能进行检测检验，并充分利用社会上的科研机构、大专院校、国有大型企业等现有的实验室和检测检验机构，进而形成安全生产检测检验的主体力量。我国目前已经初步建立了由国家主管行政部门、检测检验机构、中介服务机构、矿用产品生产单位等构成的安全生产检测检验体系。该体系建立的目的是提高安全生产管理水平和监管监察水平，减少矿山灾害事故，保护职工人身安全和健康，检测检验工作的重点领域是煤矿、金属非金属矿、危险化学品等。

目前，安全生产检测检验的机构很多，检测检验的项目和方法也比较全面，基本上可以满足安全生产监督的需求。随着科技的进步、生产效率的提高、关键设备的更新，在煤矿行业的一些方面急需建立新的检测标准、评价体系及检验流程。

一、3D打印技术与矿山安全

有下一代工业革命先驱之称的3D打印技术已经日趋成熟，它主要包括立体光刻造型、熔融沉积成型、选择性激光烧结、分层实体制造等。各分支都有代表性成果展现，北京航空航天大学王华明教授研究出激光熔覆多元多相过渡金属硅化物耐高温耐磨耐蚀多功能涂层材料的方法，使我国成为世界上唯一掌握飞机钛合金大型主承力结构件激光快速成形技术并实现装机应用的国家。华中科技大学史玉升教授领导开发的1.2 m×1.2 m"立体打印机"是世界上最大成形空间的快速制造装备，远远超过国外同类装备水平，并因此获得2011年国家技术发明二等奖。但是，国内外煤矿行业还没有引入这项新技术。另外，每年因各种突发性矿难死伤的矿工高达数百人。如果将3D打印技术应用于矿山检验检测，这将有助于提高"机械化换人，自动化减人"的总体效率，也将是矿业的一大进步。

在矿山的开采过程中，最复杂的流程是采区地质特征考查、巷道设计、开采方式的确定。这些直接关系到矿山开采的安全，而3D打印技术完全可以实现矿山地貌和地下开采工程体系的微缩，将复杂的地上地下情况直观地展示出来，提供给开采单位。开采单位在进行开采前借助此模型组织专家对开发项目进行论证，从而更全面地考虑开采环节可能存在的风险，并进行及早的规划。在该微缩模型的帮助下，综合的论证更有保障。同时，它还帮助开采单位减少安全论证初期（即在不具备安全设施的环境中）人员下井调研的次数，从而对"机械化换人，自动化减人"方案提供预评估。

煤矿开采过程中，瓦斯不断从新开采的煤层中涌出。当其浓度达到临界值后，使矿工在不知不觉中中毒，最终导致灾难。同时，它也极易引发矿道爆炸。通过应急管理部对近几年来矿难统计发现：瓦斯引发的爆炸是造成严重矿难的主要原因之一。3D打印技术的矿山模型较小，线长仅为实际的数百分之一，体积为原物的百万分之一。3D打印模型结构清晰，材质接近真实的巷道，该模型可以放在室内风机中进行风洞实验，测量实际的通风效果。通过向巷道内注入仿瓦斯的有色气凝胶或结合示踪气体分析仪进行仿真实验，可以直观地显示瓦斯扩散的过程，实时观测不同区域的瓦斯浓度的变化情况，从而确定瓦斯影响的开采区域。确定安装瓦斯报警器的最佳地点和数量，科学制定采掘设备分布图。该技术有助于采矿工程师制订开采规划，帮助安全工程师制订应急预案，降低发生矿难的风险系数。

本节以东滩煤矿为例，使用统一图形（UG）软件建立了矿井巷道三维数据模型，并成功转换成3D打印所需的标准模板库（STL）格式文件，最终打印出上模和下模，便于进行各种假想突发事件下的气体流动性观测实验。

3D打印步骤如下。

（一）几何模型STL文件的导入

启动软件，点击"文件"，"载入"上芯模型三维几何模型STL文档。发现模型尺寸远远大于机器的能力。选择"缩放物体"图标，将模型缩小至设计尺寸的0.1倍，符合打印机的要求。

（二）打印位置的选择

打印位置的选择，首先要考虑防止打印时制件的变形，节约支撑材料也是需要重视的。

（三）切片

点击"切片软件"选项卡，启动切片程序。

1.设置打印参数

打印参数中对制品质量影响最显著的是"层高"和"填充密度"，据资料介绍，填充密度为70%且层高为0.2 mm时制品综合性能最佳，因此，本设计就选择这样的参数；同时，考虑到模型是空心的，勾选了"允许支撑"选项。其他设置选择了默认值。

2.切片

点击"开始切片Slic3r"按钮，开始切片。

很快，切片完成，系统显示"预测打印花费时间"为36 min 56 s，"层数"为119层，"总行数""需要材料"等信息。

3.预览

选择"显示指定的层"，同时拖动"结束层"滑条，观察切片情况。

总体来看，打印件的表面质量不光滑，但基本能满足实验的要求。

下一步我们将根据现场环境数据，模拟巷道在极端条件下的工作状态，对巷道设计进行评估。通过模拟实验获得最接近真实开采作业情况下的实验数据，对每一时刻可能出现的情况进行预处理。同时，对于不同的开采阶段，我们可以改变模型制作出具有不同阶段特点的3D模型，从而对开采的全过程进行仿真演示，保障整个开采过程中的稳定性。

二、3D打印技术与矿山安全总结与展望

本节创新性的将3D打印技术引入矿山开采检验检测模型中，其将推动全行业的快速发展，给安全生产带来实效。为进一步推进煤矿安全生产检测检验标准化工作的全面发展，充分发挥检测检验标准在安全生产中的技术支撑作用，本节结合自身的研究方向和技术基础，在矿用电气装备及仪器仪表检测检验领域进行了研究，并取得了一定的研究成果。下一阶段，本节拟对典型在用电子设备安全检测检验进行深入研究，从而为煤矿安全的检测检验提供基础理论及应用技术支撑。力争使本节能够准确把握煤矿安全生产检测检验的发展方向，并在具体技术上实现一定的突破或创新，并具备服务行业及承担行业内相关科技项目的研究基础和能力。

第三节　矿山局部通风机智能电气控制系统

目前，部分矿山井下工作面主要通风设备依旧为局部通风机，尤其是独头掘进工作面更是如此。该类风机一般都安装在离生产作业面较远的地方（一般为20 m外），或者安装在距作业区很远的进风口处。该风机由人工控制启动或关闭，因此常出现不能及时开启井下通风而造成工作面新鲜风很少的情况，工作面空气质量不能满足现场工作人员需求，从而造成一定的通风安全隐患，或者出现不管有人工作与否，风机一直处于运行状态的情况，造成能源浪费。

因此，一种新型的，依据工作面烟雾浓度、班次、人员是否进入工作面而启停的局部通风机电气自动控制系统应运而生。

一、系统概述

该系统在延续人工启动的同时，增设了烟雾浓度感应自动启动及红外线人体感应自动启动两种启动方式，完善了人工启动的不足之处，与单纯的人工控制相比，风机的自主性大大加强。除了启动方式有了明显的改进之外，该系统还具备定时关机的功能，使得通风时间更加合理有效。在改善风机自动启动与停止的同时，也对风机的电气综合保护进行了改进，增加了过热保护装置及电动机综合保护器等自主故障关机功能，使得整套系统的安全系数大幅度提升，也避免了能源的浪费。

考虑各个工作场所的操作安全，该系统设计了2套电源控制方式，其中一套直接采用AC380 V/220电源控制，另一套采用24 VAC安全电压电源控制。2套电源控制回路的原理基本相同。

二、控制原理

（一）自动停机

利用时间继电器控制启动电路。先设定好工作时间，然后启动风机，等风机运行到设定时间便会自动停止。时间设定可依据现场工作时间而自由设定。停止后的二次启动操作同上。在手动启动运行中，可根据需要随时手动停止运行。

（二）烟雾超标自动启动

通过烟雾检测器感应到烟雾浓度超标后发出报警提示，辅助触点控制启动电路。该系统烟雾超标启动后，特设了防止工作人员自行停机功能，即手动无法停机，只有当达到时间继电器设定值和烟雾浓度降到烟雾检测器标准值以下时，才能自动停机。烟雾检测器的浓度范围可依据现场情况而设定，但不得高于国家规定的数值。

（三）红外线人体感应自动启动

当工作人员进入红外线感应器探测范围内时，红外线感应器的常开触点控制时间继电器，以达到控制启动电机的目的。由于有些作业面白班工作人员出入多，为了避免此时段风机频繁启动，在系统中添加了时控开关，任意时段可控。该功能与烟雾启动方式停机相同，启动后不能手动停机，运行时间通过时间继电器控制。

（四）电动机故障保护自动停机

利用JR系列高灵敏热继电器、JD系列电动机保护器自带的过流、断相、过载、堵转等功能，当两者同时无故障时，方可启动风机；当其中任何一个出现故障时，则无法启动风机或自动停机。

三、工作方式

该系统具有自动启动/定时关机功能，拥有手动与自动转换开关，平时一般将转换开关设定为自动控制位置。其操作方式如下。

（1）当烟雾达到一定浓度时，会自动启动风机，启动后停机时间不受烟雾浓度控制，可依据现场工作时间的长短来设定时间继电器控制风机停机，时间继电器在0.1 s～99 h可任意设定。

（2）当工作人员在红外线探测器前面通过时会自动启动风机。启动后，也由系统内时间继电器控制自动停机。这两种启动方式手动无法停机，只有达到时间继电器的设定值时才会停机。

（3）当需要停机时，将手动/自动转换按钮旋转至手动方式，再按下停止按钮即可停机。

四、节能效果

该系统采用了依据工作面烟雾浓度、班次、工作人员是否进入工作面而进行自行控制风机的启动与停止的控制方式，从而大大减少了电力消耗，达到了降本增效的目的。为了得出运行节能数值，在该系统工作中安装了DSS607型三相三线新电表，同时在另一台常规风机电路中也安装同样新电表，从而进行对比。经过5天的运行，安装上这套智能控制系统的风机上电表显示电量195 kW·h。常规控制的风机电表上显示的电量470 kW·h。由此可知，一台7.5 kW风机一天节约用电量55 kW·h，一月节约1650 kW·h，一年节约19 800 kW·h。如果按照电费0.6元/（kW·h）元计算，一年一台7.5 kW的风机节约金额约为11 880元。如果用在功率为2×37 kW=74 kW大功率风机上计算，一年节约能源更多。

井下现场局部风扇电气控制系统采用现代先进的烟雾浓度传感器、红外传感器、微电脑时控开关、电动机综合保护器等元件，通过自动检测现场空气浓度、人员是否工作，达到自动控制局部通风机的目的，这不仅保证了现场工作人员对空气质量的要求，消除了一定的通风隐患，而且通过班次的时控功能，减少了工作人员频繁操作，避免了通风机一直运行而造成的电力浪费，达到了节约电能的目的。该系统在矿山井下作业现场有一定的适用能力、良好的发展和市场潜力。

第四节　某铅锌矿通风系统检测和优化方案研究

通过对某铅锌矿通风系统的调查和通风阻力测定，发现其现有通风系统存在风量供需比低、竖井季节性返风和矿井风阻过大等问题。为此，人们提出了隔断相关巷道实现两坑独立通风，解决了1#竖井返风的问题；采取清理、扩刷等降阻力措施，降低了全矿风阻，并对矿山现有风机进行了优化。最后利用矿井通风仿真系统（MVSS）模拟优化后通风系统的通风效果，达到了预期要求。

随着我国采矿工业的快速发展，国内许多早期投产的大型金属矿由于采面水平的不断下降，开采条件越来越复杂，通风路线增加、部分巷道断面过小、构筑物的调节量和调节位置不尽合理，矿井通风问题层出不穷，严重影响了矿山安全生产和发展。矿井通风系统的优化设计一直是矿井通风行业的关注焦点，但复杂通风系统的设计和管理，依靠人工力量是比较困难的，为此，国内外学者提出了基于计算机的矿井通风仿真软件，用来模拟计算实际的通风系统。

某铅锌矿属于老矿区，随着采掘作业面的下移，原有通风系统及设施已不能满足矿山安全生产的要求，出现了风量供需比低、竖井季节性返风和矿井风阻过大等问题，为杜绝安全事故，形成良好的井下作业环境，需对其通风系统进行相应的优化改造。

一、矿山概况

该铅锌矿下属两座矿山，分别为麒麟坑和跃进坑，现年生产能力约为80万t。麒麟坑目前正在开采8#、10#矿体，主要提升运输系统为竖井—平硐—盲竖井，采用上向式（下向式）、干式与膏体联合充填采矿法；跃进坑目前开采的矿体为1#矿体。

麒麟坑和跃进坑通过1751 m、1571 m水平相连，采用分区通风系统，两个通风系统相对独立。跃进坑的通风方式为自然进风、二级串联抽出式，一级机站设在2053 m中段17#号线回风斜井内，负责抽出1764～2053 m生产区域的污风；

二级站设在2380 m中段的40#号线回风斜井内，负责抽出2053 m以下生产区域的污风，总装机容量为650 kW。麒麟坑8#矿体和10#矿体采用1571 m、1751 m和1931 m平硐共同承担矿井进风，1631 m平硐集中回风的两级机站抽出式通风系统。两级机站为串联，分别负责10#矿体与8#矿体的回风，总装机容量为1000 kW。

二、矿井通风系统检测

为深入了解该矿各主要井巷、作业面及相关硐室风速风量是否符合设计要求及国家相关标准规范，需进行矿井通风系统检测。检测内容主要包括：测点的静压、标高、温度、湿度、风速、测点间长度、井巷断面积、周长及风门两端静压差、自然风压等。依照相关规定对全矿进行测点布置及参数测定，计算出所有巷道的特性参数值。根据采场、风井、巷道、风门等布置及风机运行的实际情况，输入各个巷道参数及风机性能参数，利用MVSS软件绘制矿井通风系统图，解算出矿井总阻力和各巷道风量，并与实测结果进行比较，误差小于3%，证明解算结果真实有效。通过通风系统检测得出：①麒麟坑总进风量为67.63 m³/s，总回风量为78.07 m³/s，跃进坑总进风量为39.93 m³/s，总回风量为41.2 m³/s，1#竖井返风量为15.2 m³/s；②麒麟坑及跃进坑总需风量分别为81.74 m³/s和51.20 m³/s，供需比分别为0.83和0.81；③麒麟坑12#坑往1#竖井方向的自然风压为423.5 Pa，跃进坑往1#竖井方向的自然风压为193.6 Pa；④麒麟坑1631 m水平A、B主扇风机产生的全压为1518.9 Pa，跃进坑2380 m水平及2053 m水平主扇风机所产生的全压为2113.5 Pa；⑤麒麟坑及跃进坑年产万吨矿石耗风量分别为1.30 m³/s和4.12 m³/s。

三、矿井通风系统存在的问题

通过对矿井通风现状的调查、测定与分析，目前通风系统主要存在以下问题。

（1）1#竖井。井脚在1751 m平硐处受进风线路1751 m平硐自然风压的影响，冬季出现返风现象，风流上行过程中易凝结成水汽，对竖井内的提升设备及电控系统等造成严重危害。

（2）受井下通风构筑物不全、自然风压及主扇负压较小的影响，麒麟坑深部2#盲竖井及各进风斜井之间风流短路，导致2#竖井风流上行，对2#竖井内的提升系统及电控设备等造成严重危害。

（3）风量供需比较低。麒麟坑风量供需比为0.83，跃进坑风量供需比为0.81。按《金属非金属矿山安全规程》规定，考虑漏风系数后风量供需比达到1.15，明显存在差距。

（4）采场通风效果较差，内外部漏风率偏高。麒麟坑和跃进坑有效风量率分别为70.91%和64.83%；外部漏风率分别为11.72%和8.45%，内部漏风率分别为29.09%和35.17%。

（5）主要通风井巷堵塞严重，整体风阻过大。通过现场调查发现，目前主要回风系统堵塞情况均较为严重，个别回风井内某些断面几乎全部被堵死，经测定计算：麒麟坑风阻为8423.7 Pa，跃进坑风阻为8079.2 Pa。

四、矿井通风系统的优化与仿真

（一）矿井通风系统优化

随着矿井生产的发展及分段水平的推进和更替。矿井通风系统调节方法包括增阻调节法、减阻调节法及增能调节法。

（1）增阻调节法是通过在巷道中安设调节风窗等设施，增大巷道中的局部阻力，从而降低与该巷道处于同一通路中的风量，或增大与其关联的通路上的风量。

（2）减阻调节法是通过在巷道中采取降阻措施，降低巷道的通风阻力，从而增大与该巷道处于同一通路中的风量，或减小与其关联的通路上的风量。减阻调节法措施包括扩大巷道断面、降低摩擦阻力系数、清除巷道中的局部阻力物、采用并联风路、缩短风流路线的总长度等。

（3）增能调节法主要是采用辅助通风机等增加通风能量的方法，增加局部地点的风量。其主要措施包括辅助通风机调节法，利用自然风压调节法。

优化方案的主要原则是：尽量利用现有巷道及通风构筑物，尽快实施并取得阶段性的成果；过渡期方案新掘巷道和新增通风构筑物能够为永久性通风方案所利用。

（二）矿井通风系统优化方案及仿真

1.矿井通风系统优化方案

针对麒麟坑现有通风系统1#竖井返风的问题，采用安装自动风门及风墙等措施，隔断自然风压。隔断12#、15#坑进风系统与跃进坑通风系统之间的连接通道，1#竖井作为跃进坑的进风井，使麒麟坑及跃进坑实现独立通风，各自进回风井巷互不影响，独立承担各自进回风的任务。

优化后的麒麟坑新鲜风流由9#、12#、15#坑进入，通过2#竖井及1#、3#、4#斜井分别进入各用风中段，经各中段采准斜坡道、各分段联络巷、沿脉巷，冲刷采掘工作面后归流至充填通风井，污风于1631 m水平汇合后由14#坑排至地表；跃进坑新鲜风流由跃进坑及1#竖井进入，经老竖井，1#、2#及3#斜井分别进入各用风中段，经各中段采准斜坡道、分段联络巷、沿脉巷，冲刷采掘工作面后归流至充填回风井，最终由41#主回风井排至地表。

2.优化方案仿真计算

运用MVSS软件绘制优化后的通风网络图，按照麒麟坑及跃进坑的实际需风量，结合MVSS软件所测定的数据，输入巷道特性参数，使用MVSS软件进行网络解算，推算出优化方案实施后的风流方向及最大阻力路线，同时得到各条巷道的风量、风阻。麒麟坑总摩擦阻力为6252.8 Pa，局部阻力按20%计算，则总回风量为81.74 m³/s时，总通风阻力为7503.4 Pa。跃进坑总摩擦阻力为6075.4 Pa，局部阻力按20%计算，则总回风量为51.20 m³/s时，总通风阻力为7290.5 Pa。

3.矿井通风系统降阻措施及仿真

（1）通风系统调阻、降阻措施。

在不考虑缩减需风量的条件下，要想使通风系统总阻力下降，可调低阻力较大的巷道风阻。由优化方案仿真计算结果可以看出，麒麟坑阻力较大的区域主要集中在74#线回风井及1631 m水平74#线之后的回风巷道；跃进坑阻力较大的区域主要集中在17#线回风井、9～12中段间三条串联的回风井、41#线回风井。通过对上述井巷扩刷或挑顶等工程，增大井巷断面，最终降低了坑通风系统总阻力。

（2）通风系统调阻、降阻后仿真计算。

经过上述调阻后，运用MVSS进行通风系统网络解算，其中扩刷或清理后的巷道按相关规程推荐值选取阻力系数，得出麒麟坑总回风量为81.74 m³/s时，总通风阻力为4356.1 Pa；跃进坑总回风量为51.20 m³/s时，总通风阻力为3711.7 Pa。可以看出，通过降阻措施后，最大通风阻力都有了大幅度下降。

4.风机优化

降阻后,麒麟坑通风系统总通风阻力为4356 Pa,目前单台风机无法满足通风要求,结合目前麒麟坑的通风现状,依旧考虑使用两级串联抽出式通风。考虑到麒麟坑1331 m以下未来的开采设计,在1331 m水平安装1台风机,通过增能调节深部通风效果。降阻后跃进坑通风系统总通风阻力为3712 Pa,使用二级机站、两台型号完全相同的风机串联工作。

(1)风机位置。根据网络解算结果可知:①麒麟坑1631 m水平74#线回风井之后至14#坑口前,总摩擦阻力为2841.6 Pa,风机风压计算结果显示,1631 m水平每台风机所提供静压为2178 Pa,则74#线至1631 m B 平面主扇段阻力应为663.6 Pa。经过计算可确定1631 m B 平面主扇安装位置应为74#线回风井之后180~200 m处,A 平面主扇安装位置应尽量靠近14#坑口;②将深部通风风机安装在1331 m水平106#~110#线,能满足深部作业面的正常供风,1331 m水平风机位置合理;③跃进坑2053 m水平17#回风井出口附近处于通风系统阻力分布的中心段,说明目前跃进坑两台主扇安装位置比较合理,无须调整。

(2)风机选型。根据网络解算结果,麒麟坑1631 m水平2台主扇风机风量为89.9 m³/s,全压为2653 Pa。考虑到目前麒麟坑正在使用的DK45-6-No.20型号主扇的性能完全满足本次优化后通风的要求,因此可继续使用该风机,电机功率为2×250 kW,叶片安装角度调整为37°。1331 m水平风机所需提供风量为29 m³/s,深部通风所产生的总阻力为711 Pa(网络解算结果),主扇风机装置阻力一般取150~200 Pa,则1331 m水平风机全压为911 Pa。由于目前该部分风量风压可由1631 m A、B 面水平主扇风机继续提供,故1331 m水平风机可暂不运行,待开采深度下降,作业面大量下移后,且1631m A、B 面主扇风机不再满足深部通风的要求时再启用该风机。启用1331 m水平风机时,假设所有作业面均已下移至1331 m水平以下,则此时风机提供风量为89.9 m³/s,选择型号DK40-6-No.19的风机,所提供风压为1550 Pa,电机功率为2×132 kW,叶片安装角度为35°。跃进坑2380m、2503 m水平2台主扇风机保持现有位置不变,风机风量为56.3 m³/s,全压为2168 Pa。考虑到目前跃进坑正在使用的K45-4-No.15型号主扇风机性能完全满足本次优化后通风的要求,可继续使用该风机,电机功率为200 kW,叶片安装角度调整为36°。

通过对麒麟坑和跃进坑通风系统的检测，得到了巷道通风阻力系数、风速风量等参数，为通风系统仿真模拟提供了基础数据。

分析了现有通风系统存在的问题，提出隔断相关巷道，实现两坑独立通风的优化方案，解决了1#竖井返风的难题，并通过MVSS软件模拟优化后通风效果，确保了方案的可行性。

针对现有通风系统风阻较大的问题，通过模拟仿真，得到了最大通风阻力路线，在该路线上找到阻力较大的巷道，采取清理、扩刷等降阻措施，有效降低了全矿通风阻力。

根据模拟结果和未来矿山开采计划，对矿山现有风机位置和选型进行了优化，实现了该矿山通风系统的可靠性和前瞻性。

第五节　多机站串联通风在银茂铅锌矿中的节能应用

南京银茂铅锌矿采掘作业下延，主要机站改变，造成通风系统效果不理想，为解决通风系统总风量不足、机站匹配不合理、污风循环和短路漏风等问题，通过现场检测、计算机模拟解算，研究配置了合理的多机站串联通风，其实施后取得了良好的通风效果。同时，由于多机站参数的合理配置，节能降耗显著。

南京银茂铅锌矿始建于1957年，初期露天开采锰矿，20世纪70年代末转入地下开采铅锌矿。目前，南京银茂铅锌矿生产规模为33万 t/a，随着开采深度的延伸和上部空区的增多，此矿山通风系统更加复杂，在增加1台主扇后，通风能耗增加，但总回风量未有明显改善。因此，对该通风系统进行优化研究，通过计算机模拟解算，选取了合理的通风方案及多机站配置，实施后在满足风量要求的情况下，节能降耗效果显著。

一、通风系统现状及存在的问题

（一）通风系统现状

矿山采取平硐盲竖井开拓方式，平硐水平+14 m，盲竖井最深水平至–625 m。矿山采用上向水平分层胶结充填采矿方法开采，目前作业中段主要在–525m和–575 m中段，–625 m中段正在采准及探矿作业，–475 m中段有个别采场在回采，即将结束。

近年来，为降低通风能耗，矿山将+14 m水平机站风机叶片改为国外节能叶片，同时叶片角度调整为28°，控制系统增设了变频器，根据生产情况调节电流频率来改变风流。随着生产中段的进一步下移，2012年该矿山对通风系统进行了调整，在–475 m增加了第三级回风机站，风机采用K45–4–No.14风机，风机叶片角度为32°，同时配备变频控制，工作频率为44 Hz。

主要回风机站设置风机如下：①+14 m主回风巷，1台K45–4–No.14风机；②–325 m倒段回风巷，1台K45–4–No.14风机；③–475 m回风巷，1台K45–4–No.14风机；④–525 m、–575 m设置1台18.5 kW无风墙辅扇调配风流。

矿井上部已结束作业中段较多、风门较多，作业采场分散，为了分析通风系统存在的问题，对通风系统进行了测定。

（二）各机站运行工况

通风系统测试时，分别对三级机站同时运行，并对一、三级机站同时运行的机站工况进行了测定。三级机站同时运行的机站工况，总回风量为40.8 m³/s，实耗功率为228.6 kW，其中+14 m风机叶片角度为28°，–325 m风机叶片角度为32°，–475 m风机叶片角度为32°（44 Hz）。

三级机站运行的机站工况，总回风量为37.3 m³/s，实耗功率为148 kW，其中+14 m风机叶片角度为28°，–475 m风机叶片角度为32°（44 Hz），–325 m回风机站不开，同时将–325 m风机旁风门打开。

（三）通风系统存在的问题

通过对通风系统的测定及分析，通风系统主要存在以下几个问题。

（1）机站匹配不合理。三级机站同时运行时，+14 m风机风量为40.8 m³/s，–325 m风机风量为44.6 m³/s，–475 m风机风量为61.2 m³/s。+14 m回风机站作为一级机站，担负着全矿的最终出风任务，但由于风机采用节能叶片后，风机能力减弱，风压、风量不能满足要求，造成总回风量下降，井下负压不足，-325 m以上风门反向漏风。-475 m回风机站作为三级机站，风机能力较强，风压较大，造成-425～-325 m风门反向，增加了漏风量，污风从风门进入进风井，造成污风循环，同时有部分污风从上部采场回风天井返回到-475 m水平。

（2）总风量不足。在目前三级机站同时运行时，总回风量只能达到40.8 m³/s；一、三级机站运行时，-325 m机站风门打开，总风量为37.3 m³/s；总风量与矿井需风量为48.6 m³/s有一定差距。风量不足最主要原因是+14 m机站叶片角调小后，一级机站克服系统阻力能力降低，总风量下降。

（3）污风循环严重。风门由于年久失修及风压影响，测试时很多风门关闭不严，总漏风量达到14.2 m³/s，且都为污风漏入新鲜风流中。-475～-425 m回风井与-425 m中段运输巷相连，没有风门，造成近10 m³/s污风通过-425 m运输巷、回风天井到达-475 m中段循环。

（4）短路漏风。-475 m中段作业即将结束，在风机前运输巷设置一道风门，位置不合理，存在短路漏风，-475 m运输巷及上盘作为下中段的回风巷，风门应设置在靠近主副井的运输巷及上盘巷。

二、通风系统优化方案

针对通风存在的问题，在核算风量的基础上，对多机站串联的风机参数匹配、主回风机站性能、风门位置等进行优化，通过模拟解算，选择合适的风机配置参数，增加总回风量，理顺风路，减少污风循环、避免漏风等，满足矿井开采通风需要。对通风系统进行节能优化改造应考虑尽量利用现有通风井巷及设备减少通风井巷工程量，要满足现阶段和下一步深部开采的需风量要求，并节省通风能耗。

（一）矿井总风量

正确计算矿井总风量是选择主要通风设备和布置通风工程很重要的一个内容，根据采掘计划及排尘要求计算，得出井下作业需风量为36 m³/s，考虑矿井通风系统存在难以避免的漏风，同时也包含有风量调整不准、调整不及时及适应生产不均衡等备用风量因数，漏风系数取1.35，则重新计算校核的矿井总风量确定为48.6 m³/s，按年产量33万 t进行校核，万吨风量比为1.47。

（二）通风方案

根据通风系统现状、存在问题及结合下部采矿对通风的需求，在了解矿井生产和通风基本情况的基础上，研究可行的多机站串联通风方案，并对通风网络进行模拟解算。

现在井下三级机站风机均采用K45-4-No.14型，额定功率为132 kW，理论上该风机叶片角度为30°~40°，可调，但从现场应用情况来看，该种风机叶片角度最大可调整到32°，否则电流会过载。因此考虑可行方案时按叶片角度32°考虑，尽可能发挥出风机能力。

在风门封闭良好的前提下，利用现有风机将叶片角度调整为32°，三级机站同时运行，总回风量为43.6~44.2 m³/s，实耗功率为201.2~259.2 kW；取消-325 m机站，两级机站运行时，总回风量为42.5 m³/s，与三级机站运行时基本相等，功率为176.2 kW，比三级机站运行时降低25~83 kW，比现状实耗功率降低52.4 kW。从解算结果及现状分析，取消-325 m机站，风量基本不影响，且能耗下降显著。

将+14 m机站风机更换为K45-4-No.15型，风机叶片角度为32°，取消-325 m机站，-475 m机站风机频率调为50 Hz，总实耗功率低于现状，风量达到49 m³/s，满足要求。因此，建议首先将+14 m机站风机叶片角度调整到最大，取消-325 m机站，-475 m机站风机运行频率调整为50 Hz。上部风门完善后，对通风系统进行效果测评，如果通风效果不理想，在施工条件允许的情况下，则选用K45-4-No.15型风机。

（三）通风构筑物

优化方案的实施及效果离不开通风构筑物的有效管理，对于该系统需做好以下工作。

（1）上部已设置的风门、风墙，尤其是-225 m、-275 m、-325 m、-425 m水平风门漏风严重，需检查整改，避免漏风和污风循环。

（2）-475 m中段需要在副井以西运输巷及上盘沿脉设置风门。

（3）-425 m、-375 m回风井与中段运输巷之间设置风门或风墙。

三、运行效果

在矿方调整+14 m机站和-475 m机站，拆除-325 m机站，同时对上部风门、风墙检查整改后，对井下通风系统进行了测试。

改造后通风实耗总功率为184 kW，比改造前减少了44.6 kW，按年工作7000 h计算，可节约电费约31万元，同时有效进风量与回风量均显著提高，满足了井下通风需要。

通过对南京银茂铅锌矿通风系统优化，其井下通风明显改善，且节能显著。对于类似南京银茂铅锌矿等通风阻力较大的矿山，采取多机站串联通风，可解决回风问题，避免大主扇机站效率低，能耗高等问题，但应结合采空区、开采中段等实际情况，合理选取风机及匹配运行参数，否则将出现机站不匹配、污风循环和短路漏风等问题，能耗增加而通风效果不佳。

第六节 冬瓜山铜矿老区通风系统测定与分析

冬瓜山铜矿位于安徽省铜陵市狮子山区内，为铜陵有色金属集团股份有限公司主要生产矿山之一，其老区系统包括大团山（团山、团山顶沿及南沿）、老鸦岭、桦树坡等矿段，采矿方法主要有无底柱分段崩落法、浅孔房柱法及浅孔留矿法等，采空区嗣后充填。新区、老区通风系统共用大团山副井、冬瓜山副井。近10年来，随着矿井向深部的开拓延伸，新区进入千米深井开采后，新区、老区通风系统相互影响。中钢集团马鞍山矿山研究院有限公司与冬瓜山铜矿共同合作，致力于井下通风系统优化、通风效果改善的研究。通过采用多机站风压、风量平衡技术、通风网络解算模拟优化技术及深井风流预冷技术，达到了风量合理分配、气流组织顺畅、机站风机安全高效运行、改善矿井通风效果的目的，满足了矿山采掘生产通风的安全需要。

2011年该矿与中钢集团马鞍山矿山研究院有限公司合作，开展了对冬瓜山老区优化改造后的通风系统测定。本节对通风系统测定仪器、测定方法、测点布置及测定数据进行介绍与分析，以检验通风系统优化效果，同时，对类似矿井通风系统效果测定具有指导作用。

一、通风系统测定

老区通风系统优化改造于2012年底完成，经过1年多的运行，2013年10月对老区总风量、通风系统主要机站运行工况、作业分段风量、通风系统内外部漏风情况、老区通风系统有效风量率及风量分配进行了全面测定，掌握了当前通风系统的运行状况，为下一步完善通风系统优化方案提供了数据。

（一）巷道断面测定

采用德国喜得利HILTI-PD42激光测距仪，操作简单方便。测定方法在巷道腰线全长上取若干等距离点，将巷道的横断面划分成若干个梯形，从对应的底板点测量到上顶部的垂高，计算出梯形面积并叠加，即可获得该测点的巷道断面面积：

$$S=（B/n）\left[（b_1+b_n+1）/2+b_2+\cdots+b_n\right]$$

式中，S为巷道断面面积，m^2；B为巷道净宽度，m；n为B的等份分数，个；b_1为初始点的巷道高度，m；b_n+1为末尾点的巷道高度，m。

（二）风速（风量）测定

采用德国TESTO425风速仪。该风速仪表量程为$0\sim20$ m/s，满足高、中、低风速测定要求，并按照功能切换，可以同时测定空气温度参数。选择断面比较规整的直巷作为测风断面，根据测风员的站姿不同可分为迎面法和侧身法，本次测定统一采用侧身法。测风人员背向巷道壁站立，手持测风仪表，将风速探头（带伸缩金属管）垂直风流方向测风。

根据风速探头的移动路线不同，可分为点速法或线路法测风，本次测风采用线路法。测风人员手持风速仪侧身在整个测风断面匀速移动。TESTO425风速仪表具有计时功能，能自动读取移动测风断面内的平均风速。根据测风断面测得的平均风速和断面面积计算风量为

$$Q=（S-SR）V$$

式中，Q为风量，m^3；SR为测风人员侧面积，取$SR=0.35$ m^2；V为平均风速，m/s。

（三）机站风机电流、电压参数测定

机站风机电压参数由风机启动控制柜仪表盘直接读取，交流电压（4/40/

400）V±1.2%，700 V±1.2%；电流采用YH–336交直流钳形电流表测量。交流电流：400/1000 A（<600 A±2.5%，≥600 A±3.0%）。

（四）测点布置

测定范围包括+100 m、–390 m、–460 m、–490 m、–520 m、–565 m、–580 m、–610 m、–640 m、–670 m和–730 m生产作业水平。测点主要分布在开拓系统各井筒石门、主要生产中段的各作业分段石门、斜坡道与作业分段联巷、主要通风机机站。

二、通风系统检测结果

老区通风系统主要考虑–730～–390 m水平的冬瓜山副井、大团山副井进风，老区进风量为143.48 m³/s，其中大团山副井进风量为73.35 m³/s，冬瓜山副井进风量为70.13 m³/s。

各水平进风量分配合理，基本满足各水平采区通风需要，其中–390 m大团山副井进风量稍偏大，应该加强副井联巷风门的管理，减少本中段的风量，使得更多的风量下沉。–670 m水平大团山副井进风量为18.44 m³/s，冬瓜山副井进风量为23.17 m³/s，–730 m水平大团山副井进风量为14.19 m³/s，冬瓜山副井进风量为18.09 m³/s，满足风量向深部下沉的实际需要。

大团山回风井地表回风量为114.89 m³/s，比大团山采区回风量（96.38 m³/s）（–460 m回风量为26.25 m³/s，–490 m回风量为2.01 m³/s，–520 m回风量为68.12 m³/s）多18.51 m³/s，均由大团山回风井–460 m中段上部漏风进入。

老区总进风量为143.48 m³/s，进入大团山采区系统的有效风量为83.14 m³/s。大团山采区总风量为114.89 m³/s，有效风量率为72.36%。

老区装机容量为1200 kW，实耗功率合计为673.4 kW，平均风机效率为64.34%（不考虑–460 m回风机站），其中–460 m团山回风机站回风量为26.25 m³/s，在30 Hz下运行，虽然变频具有较大的节能潜力，但是变频过低使风机效率下降。

老区通风系统为两翼对角抽出式通风方式，通过对通风系统的测定，得出老区总回风量与总进风量，其中大团山采区回风量为96.38 m³/s，满足设计需风量93.5 m³/s的要求。

矿井有效风量率为72.36%，符合《金属非金属矿山安全规程》（GB 16423—2006）规定的"矿井通风系统有效风量率应不低于60%"的要求。

老区通风系统装机容量为1200 kW，实耗功率合计为673.4 kW，平均风机效率为64.34%。满足《金属非金属矿山安全规程》（GB 16423—2006）规定的"系统平均风机效率不小于60%"的要求。

第四章　矿山地压安全检测检验

第一节　远程地压监控技术在地下矿山中的应用

随着地下开采深度的不断增加，地压控制也越来越重要。结合地下采矿工程地压监控的需要，根据矿山的地压活动特点，本章提出采用远程地压监控技术来对矿山地压进行研究。研究在受限空间环境下，地下采矿远程地压监控系统的结构组成，并且对软件系统、硬件系统、网络系统进行研究与设计。结合地下采矿工程的特点，分析应力、位移、压力等传感器的布置要求。通过对地压的监测，得出该矿山的地压活动特点与矿柱目前的稳定性情况。实践结果表明，地下采矿远程地压监控自动化系统运行稳定，数据准确，能解决人工监测所不能解决的诸如测试人员人身安全、实时监测、已破坏岩体的监测等问题，是地下采矿地压监控新的发展方向，同时，也是数字化矿山的重要组成部分。

地压是引起地下开采安全问题最重要的原因之一。由开采而引起的采场垮冒、井巷破坏、地表沉降等现象，严重威胁人们的生命财产安全，因此随着地下开采深度的不断增加，地压活动将越来越严重，地压控制也越来越重要。由于采矿环境下的地质条件非常复杂，目前的岩体力学理论还不能完全解决采矿所带来的地压问题，其分析结果也往往与现场实际情况相差甚远。因此，地压活动的现场监测显得尤为重要。

地下采矿的地压测试目前基本采用传统的方式进行，即将传感器埋设于围岩中，通过手持仪表进行人工测量，从而取得必需的数据。人工测量存在多方面的问题：不能实时监测地压的变化；由于地压监测的场所一般是地压明显的部位，测量人员的安全不能得到保障；测量劳动强度大；测量人员不可到达的地点不能测量，关键的数据难以获取；数据处理难度大。解决这些问题的途径是远程地压监控技术。

尽管远程地压监控技术在水电水坝等地面岩土工程中应用比较多。而在地下矿山中，由于地下采矿空间的限制，目前其应用还很少。

本节结合地下矿山开采的特点，研究了远程地压监控自动化系统的组成及传感器安设必须注意的问题。结合某地下矿山的地压研究，使远程地压监控自动化系统在地压监控中得到了成功的应用。

一、远程地压监控自动化系统的组成

远程地压监控自动化系统由两部分组成，即传感器与自动化系统。地压监控的主要对象为采场的应力变化与矿岩变形。

（一）传感器

本研究所采用的主要传感器有以下几种。

1.位移传感器

当压力变化或岩体产生破坏后，岩体的表面与深部之间会产生相对位移。位移传感器由感应体、锚固头、位移传递杆等部分组成，用于监测锚固头与感应体之间所产生的相对位移。本研究所采用的位移传感器为电感式传感器，当感应棒在传感器中产生相对位移时，会产生电磁频率的变化。通过测读该频率值，根据标定可以得出锚固头与感应体之间的相对位移量。

2.应力传感器

应力传感器主要监测围岩或矿柱中应力的变化。应力的变化是导致矿柱破坏最根本的原因，在采矿活动的影响下，矿柱中的压力可能出现升高与降低两种情况。本研究采用了钢弦频率式应力传感器，当压力改变时，安设于传感器体内的钢弦频率会产生变化，不同的频率对应不同的压力值。

3.压力盒

压力盒主要用于监测充填体中压力的产生与变化。压力盒的作用方式与应力计相同。在矿房回采的正常情况下，充填体的主要作用是保护间柱与顶柱，主要是对间柱产生侧向约束与压力，提高间柱的承载能力，因此，在正常开采情况下，压力盒主要监测充填体中垂直于水平两个方面的压力变化量。如果间柱产生整体性的破坏（如压力过大产生压裂或矿柱回采），顶柱会产生垂直向下的变形，从而对充填体产生垂直方向的压力，此时，充填体主要的功能不再是保护矿柱，而是直接承受上部的荷载。因此，在这种情况下，压力盒也间接地监测间柱的稳定情况。

（二）自动化系统

该系统由硬件系统与软件系统及网络系统等部分组成。

1.硬件系统

远程地压监测自动化系统的硬件系统由数据处理部分，用于读数并进行数据处理的电脑、信号转换部分及供电系统组成。

位移传感器、应力传感器及压力盒所传出的频率值都为模拟电信号，模拟电信号传输的衰减较快，不能进行长距离传输，因此，必须将模拟电信号转换为数字信号来加大传输能力。目前有3种方案解决该问题。

（1）数据处理模块加集线箱模式。各传感器的模拟电信号通过数据处理模块后，统一由数据处理模块转换为数字信号后再进行远距离传输。其优点是数据处理模块运行稳定，数据集中处理，便于管理；缺点是集线箱与各传感器之间的连接受采矿空间的限制，较远距离的传感器数据的读取存在问题，而且在采矿特殊环境条件下，处理模块比较多，价格相对昂贵，因此应对其应进行特殊的防腐保护措施。

（2）直接对传感器添加数据处理器模式。对每一个传感器再添加数据处理器，模拟电信号经过数据处理器后，直接转变为数字信号并转入测试网络，从而直接加大传输距离。该方案的优点是不需要集线箱与集中式的处理模块，布置相对比较灵活，基本不受距离的限制；缺点是对监测网络的要求比较高，而且每个传感器都必须带数据处理器，安装接线时比较麻烦。

（3）光纤传输方案。光电转换器将传感器的模拟电信号转换为光信号后，即可进行长距离的传输。其优点是传输距离大，受环境干扰小，传输稳定；缺点是光纤价格比较高，安装时相对困难。

根据采场的实际情况，经过研究，本研究采用第2种方案，即采用直接对传感器添加数据处理器模式进行信号处理。值得一提的是，光纤传输方案虽然在本研究中没有采用，但应该是远程地压监测自动化系统的发展方向。

本书采用了银河计算机厂生产的传感器，该传感器由于采用了直接物理量输出的RS485接口，可以通过RS232 ~ RS548转换器直接与计算机的串行口连接，完成对传感器的设置、数据采集工作。

本书所采用的传感器驱动电压为12 V，为了保证顺利供电，将变压器安设于地下。

2.软件系统

软件系统主要用于完成数据的采集、存储、管理及显示等功能。在本软件环境下，可对传感器数据进行单独采样或连续采样，也可以通过设定数据采集的时间与频率来进行数据自动采集。采集的数据直接进入数据库系统进行管理，也可以通过转换直接变成文本节件或Excel文档。数据也可以以时间流的模式直接在屏幕上进行显示。

3.网络系统

网络系统由电缆、调制解调器、数据转换器及通信网络等部分组成。通过调制解调器与通信网络，任何一台通过许可的电脑都可以通过拨号连接测试主机进行数据的读取与管理，从而实现远程数据采集及控制。

二、应用实例

（一）矿山地压情况简介

本系统在湖北一铜铁矿采场地压监控中得到了应用。该矿为地下开采铜铁矿山，设计原矿年产量为20×10^4 t，采用的采矿方法为浅孔留矿法嗣后胶结充填。目前生产作业水平为-220 m、-270 m、-320 m、-370 m、-420 m 5个阶段，其中-220 m水平为专用回风水平。在-200 m水平以上有历史上滥挖乱采所形成的采空区，由于当地地下水丰富，各采空区已充满水体。为此，矿山为-220 ~ -200 m保留了20 m厚的防水隔离矿柱。

由于地质构造及各方面的综合原因，该矿出现了严重的地压现象：矿柱遭受破坏，矿柱中出现大量裂缝；部分穿脉巷道的顶板发生垮冒，底板鼓起并且产生了纵向张开裂缝；穿脉巷道顶板中产生的破坏与正在充填的矿房连通，充填料通过裂缝流入了该巷道；与此同时，部分穿脉巷道的顶板也沿穿脉巷道轴线方向出现了大的纵向裂缝，并且迅速扩展；部分矿房块的顶板也出现大量的矿石掉落，危及位于顶柱之上的-320 m水平的下盘运输平巷。这些地压现象严重威胁井下作业人员的安全，如果引发防水隔离矿柱错动，将会产生重大的安全事故。

为了掌握采场的地压变化规律，防止地压现象进一步向上扩展，保护隔离矿柱的安全，确保井下作业人员的人身安全，为矿柱的回采提供良好的条件，本节采用了以上提出的远程地压监控自动化系统对该矿的地压进行监控。与此同时，还在巷道中布置了收敛测点及沉降观测点，对巷道的变形与位移进行人工监测。

（二）传感器的布置与安装

1.位移传感器的布置与安装

在此，位移传感器的设置主要考虑两个方面的位移。一是间柱的内部位移；二是顶柱的相对滑移。因此，位移传感器也相应地安装在两个不同部位，一是安设在间柱内部；二是安设在顶柱矿体与火成岩接触带。安设在间柱内部的位移传感器主要用于监测矿柱的内部破坏与变形，当矿柱内部产生节理裂隙张开与滑移等破坏时，矿柱的深部与表面之间会产生相对位移，从位移传感器得出的数据可以反映该矿柱内部是否已经产生破坏。安设在顶柱矿体与火成岩接触带的位移传感器的主要监测顶柱的滑移。当顶柱沿接触带产生滑移时，传感器的数据可以反映这种变化量。

2.应力传感器与压力盒的布置与安装

当矿柱的两侧有采矿活动时，该矿柱整体会出现压力增大的现象，但在矿柱表面会产生卸压。当矿柱下部有采矿活动时，该矿柱整体会出现卸压现象，但在局部却会产生应力集中。矿山应力的直接测量是比较困难的，因此，本书中应力传感器主要用于监测矿柱中应力的变化。与其他岩土工程不同的是，采矿工程矿柱的应力测量必须在矿柱内部为应力传感器提供安装空间，而且必须布置在矿柱内部足够深的部位。根据矿山实际情况的理论分析可知，在穿脉巷道顶板以上超穿脉巷道高度1.5倍的深度内，矿柱的垂直方向应力基本不受穿脉巷道空间引起局部卸载的影响。因此，本书将应力传感器安设在矿柱中的该位置。

压力盒安设在充填体中。为了监测充填体垂直方向与水平方向的压力，本书在充填体的不同高度分别安装了水平方向与垂直方向的压力盒。

本实例中−320 m水平矿柱变形还在发展，但变形量很小，而且，变形速度有逐渐减小的趋势，表明地压活动已经基本稳定。这与日常观察的结果是相符合的。而对应的−270 m水平矿柱中的应力则逐渐加大，位移量则逐渐变小，由此表明，由于下部矿柱的破坏，应力逐渐向上水平转移。由于压应力的加大，矿柱产生相对压缩，从而使监测得出的相对位移量变小。该监测结果与分析结果是一致的。

本节提出采用远程地压监控自动化系统，根据地下矿山的特殊环境要求，对地下矿山的地压监测进行了应用研究。研究结果表明，远程地压监控自动化系统可以满足地下采矿受限空间环境下的要求。结合现场的安装与应用情况，可得出以下几方面的认识。

（1）随着地下开采深度的不断增加，地下开采中的地压问题将会越来越严重，远程地压监控自动化系统将在地下采矿中起越来越重要的作用。

（2）采用远程地压监控自动化系统，对地下矿山的地压进行监测与控制，是基本可行的。远程地压监控自动化系统，能保护监测人员的人身安全，能测量到人工监测所不能监测到的非常重要的地压数据，更为重要的是，远程地压监控自动化系统，能实时地获取地压数据，从而有助于矿山技术人员快速地掌握地压情况，对工程布置做出及时的调整。

（3）地压监测传感器位置的选择，应该结合相应的采矿工程的具体特点，对地压进行综合分析之后，将其布置在关键而且对地压比较敏感的部位。

（4）目前对工程稳定性的评判，往往根据研究人员的经验结合测量值变化曲线形态来做出。要做好地压自动化预警，还必须结合不同的工程要求，设置合理的地压预警标准。

地下开采所引起的安全问题基本与地压有关，这是因为采场垮冒、地表沉降、井巷破坏等由开采引起的问题都是由地压造成的，随着我国采矿技术的突飞猛进，实际工作中开采的地下深度越来越深，这就导致地压控制变得难以掌握。地下矿山的地质条件及采矿环境十分复杂，因为采矿所引起的地压问题还不能完全用我国现在的岩体力学来解决，加之采矿现场的实际情况与分析结果相比相差甚远，所以地下矿山的远程地压监控技术就显得非常重要。远程地压监控自动化系统主要由两大部分组成，分别是自动化系统和传感器。

第二节　深部矿井开采巷道地压与位移检测

随着工矿开采规模的扩大和开采深度的逐年增加，巷道和工作面稳定性等安全问题日益凸显，为了监测采场周围岩体和煤体应力的变化规律，分别在采面机巷和上山中布置8个钻孔应力计、5个多点位移计和3组断面收敛计，对区域内采煤工作面和巷道进行现场应力与变形监测，并对结果做出分析，找出矿压规律，对深部开采围岩矿压规律进行预测，其对矿山安全生产具有重要指导意义。

在煤层的深部开采中，工作面的前方会出现较大的支撑压力，造成巷道围岩的变形，并且支撑压力和巷道围岩的变形会随着工作面的推进不断的移动和变化，对安全开采危害很大。因此我们需要掌握在深部开采过程中巷道围岩压力的分布和变化规律，从而确定开采动态过程中巷道围岩压力和巷道变形的影响区域，选择合理的巷道位置，确定煤柱尺寸，对巷道围岩压力实行有效的管理和控制，确保巷道围岩的稳定性。下面以吕家拓井工矿为例，介绍深部矿井开采巷道地压与位移检测的必要性。

一、工程概况

吕家拓井工矿位于河北省唐山市古冶区境内，西距唐山18 km，北距古冶9 km，地理坐标为东经118°24′，北纬39°40′。井田含煤地层属二叠系下统和石炭系上统，含煤20余层。矿井采用立井多水平集中大巷上山开拓。煤层群联合开采，主要井巷一般布置在煤层群最下可采煤层（12煤层）底板以下20～70 m的灰色中粗砂岩深灰粉砂岩层内，原煤生产主要集中在−800水平，为−800三采、四采里、八采（−600出煤），而−950水平只有一个采区（首采）且−950水平正在延深中，井田内断裂构造发育，主要煤层局部节理和裂隙发育，矿山压力显现比较明显，对支护带来不利影响，矿山压力大和断裂构造发育是本矿井地质条件的显著特点，对矿山安全生产影响较大。对于矿山生产来说，及时、准确、全面地获得矿山压力信息，并从中分析和掌握采煤工作面的矿压规律是非常必要的。以此指导生产，是保证矿山安全生产的重要技术。

二、工作面支撑压力测量

（一）检测方法

地下采煤破坏了采动空间周边煤岩体的应力平衡，引起煤岩体内部应力的重新分布。重新分布后的应力超过煤岩体的极限强度时，使地下巷道或采煤工作面周围的煤岩体被破坏，并向已采空间移动，直到达到新的应力平衡。对于矿山生产来说，及时、准确、全面地获得矿山压力信息，并从中分析和掌握采煤工作面的矿压规律是非常必要的。为了监测采煤过程中由于采煤扰动引起采场周围岩体和煤体应力的变化规律，采用KSE-II-1型钻孔应力计对区域内采煤工作面进行现场应力监测，以便从中找出矿压规律，指导实际生产工作。KSE-II-1型钻孔应力计使用充液膨胀的钻孔应力枕这一特殊结构形式，专用于煤、岩体内相对应力的测量。

（二）测点布置

在6177采面机巷煤体侧进行煤体应力监测，共安设钻孔应力计8个；在巷帮中部并排打孔，孔径为45 mm，测站间距为10～15 m，钻孔深度为10～14 m。

（三）检测结果

根据测量结果，计算出各测点在各时间对应的钻孔压应力，绘出应力值随测点与工作面的距离变化关系。

三、岩巷围岩变形监测

为了研究工作面开采过程中巷道围岩变形规律，在靠近6177采面最近的运输巷道设置3个断面，断面间距为60 m，分别进行巷道顶板岩层位移监测及巷道断面收敛变形。

（一）巷道顶板岩层位移监测

监测方法及测点布置。巷道顶板岩层位移采用BOF-EX型钻孔多点位移计监测，获取监测孔不同高程处顶板岩层位移量，从而确定顶板岩层变形规律。BOF-EX型钻孔多点位移计测孔孔径为76 mm，可测模块数为1～10个，测量精度为0.01 mm。每个断面测孔安装3个BOF-EX型钻孔多点位移计，断面1#、2#、3#BOF-EX型钻孔多点位移计安装深度分别为16 m、12 m、8 m。

（二）巷道断面收敛测量

巷道断面收敛测量方法及测点位置断面收敛测量采用JSS30A-30数显收敛计，该收敛计测量基线长度为0.5~15 m，读数精度为±0.01 mm，测量精度为±0.05 mm。

四、矿深部矿压显现规律

根据现场多源动态监测结果，得到吕家拓矿深部开采矿压显现规律。

（1）随着回采工作面推进而接近压力监测点时，压力监测点所测压力值开始是稳定的，然后逐步增高，超过峰值后下降。在采煤工作面前方0~20 m应力是上升的；最大支承压应力位于采煤工作面前方10~20 m；超过最大支承压应力点后，应力值逐步减小；在采煤工作面前方80 m以外，应力趋于稳定。测得最大支承压应力为43 MPa，现场实测6177采面机巷的垂直应力为12.14 MPa。最大支承压应力为垂直应力的3.54倍。

（2）由各断面多点位移计监测点下沉量随时间变化的折线图很好地反映了巷道顶板和围岩内部8 m和12 m处的下沉值。同时得出：①断面1#孔口的下沉量最大，断面3#测点次之，断面2#测点最小；②各断面孔口的下沉量比较的接近，最大达到20 mm，各测点的位移和下沉量呈现不断增加的趋势。因此回风上山顶板有向不稳定发展的趋势，为控制不利趋势，保证巷道的稳定和正常运行，必要时需进行二次支护。

（3）回采过程中，邻近巷道围岩变形经历了3个阶段：①当测点离回采工作面较远时，变形缓慢增长；②随回采工作面推进，巷道围岩变形急剧增长，最高收敛速率达0.7 mm/d，持续约50天，累计变形量达巷道围岩总变形量50%以上；③随着工作面继续推进，巷道围岩变形缓慢并逐步趋于稳定，当收敛速率小于0.1 mm/d时，巷道围岩趋于稳定。

第三节　小铁山矿地压活动规律的分析

地压活动规律，不仅直接影响矿山井巷工程的布置，也直接影响着矿山井巷工程的稳定性，与矿山的生产有着直接的关系。尤其对小铁山矿来说，采用单一的上向巷道式尾砂胶结充填采矿法，如何提高巷道的稳定性，合理确定矿体的回采顺序，最大限度地回采宝贵的资源，尤为重要。

一、矿区最大主应力特征及应用方向

通过对小铁山4～6中段不同深度、不同构造地段的矿岩体进行地应力测量，结果显示，小铁山矿是以水平应力为主的构造控制类型地压。水平应力与垂直应力比为1.3～2.7，其中大部分为1.5，最大主应力方向为NEE。

通过对该区域内的二次应力测量，最大主应力方向与水平面成0°～30°夹角，这与原岩应力的最大主应力与水平面成0°～30°的夹角基本一致。这说明巷道周围所分布的二次应力的最大方向与原岩应力中最大主应力的方向密切相关，当原岩应力的方向因构造影响而发生偏转时，二次应力中最大主应力方向也随之发生偏转；其变化的幅度与原岩应力中最大主应力方向变化的幅度大致相同，矿区内二次应力的分布主要受控于原岩应力。

同时，随着小铁山矿开采深度的不断加深，二次应力中水平主应力所占的比重也越来越大，二次应力的条纹值也越来越高，地下工程体破坏的可能性越来越大，地压活动加剧。

二、巷道轴向线方向的选择

通过对不同地点、巷道不同断面法线方向的研究，当法线方向或巷道走向不同时，水平作用力不同，水平作用力与铅垂力的比值也不同；当法线方向靠近最大主应力方向时，巷道断面内所受到的水平拉应力最小。因此，走向平行于最大应力方向的巷道是最稳定的，该方向是最佳巷道方向，即尽量把巷道走向布置在与最大应力方向成±30°夹角的范围内，以减少对巷道的破坏。

三、沿矿体走向的回采顺序

通过地应力和二次应力的测量，在遵循矿山基本地压活动规律的同时，对矿山的回采顺序提出以下方案进行比较。

（1）从矿体中央向两端回采；

（2）从西F21条横断层面附近开始向两断层中央回采，然后再从断层处向两端推进；

（3）从矿体东部向西部回采；

（4）从矿体两端向中央回采。

通过对上述方案的计算分析，可知大的断裂构造的力学作用，对回采顺序的影响很大。因为断裂结构像屏障一样，改变阻隔应力、应变的传播方向。根据实验和数值分析研究，断层交叉处应力最为集中，在有采场布置条件时，首先应开采该地段的矿体；在大断层上、下盘都有矿体时，应先采上盘矿体，后采下盘矿体；但是在断层比较密集的区段，应首先回采该区段矿体。回采过程中，要防止临近区段矿体回采对该区段的干扰和应力叠加，造成无法开采或由于地压活动严重出现大面积冒落而无法回采，进而造成资源损失。在未有断层构造影响的情况下，由中央向两端回采顺序会减小采场应力集中，若矿体下盘岩石稳固，能保证两端回采的正常进行，则可以避免产生孤立矿体引起很大的应力集中，从而有利于回采进路的稳定，而且也有利于采掘工作的合理安排，缩短采掘工作和回采进路的服务时间，减少巷道的冒落。值得说明的是，从中央向两端推进并不一定是沿矿体走向的中间向两端推进，要根据矿体赋存条件、矿岩稳定情况来定，一般情况下，首先选择在应力集中和矿岩稳固性较差的区段进行回采，然后再向矿岩较稳定的区段推进，有利于保证围岩稳固性在最优状态下开采，以及保证各矿块都能较顺利地回采。

四、矿体上、下盘回采顺序

（1）有下盘沿脉断层时，从上盘向下盘方向推进。

（2）有下盘断层时，从下盘向上盘方向推进。

（3）无下盘断层时，从上盘向下盘方向推进。

（4）无下盘沿脉断层时，从下盘向上盘方向推进。

（5）上、下盘都有沿脉断层时，回采方向上下同时推进。

（1）方案与（2）方案相比较（2）方案优于（1）方案。当用（1）方案时，靠断层的一端的采场围岩应力与断层上盘已沟通，应力最集中，聚集的能量也最大，回采时围岩能量释放率和采场体积闭合率也最大。此时如采用（1）方案，由上盘传到下盘的应力受下盘断层的阻隔作用，势必会造成应力过于集中而出现大面积冒落。

（3）方案与（4）方案相比较，（3）方案优于（4）方案，一般来讲，上盘是块矿居多，但是整个岩体情况下盘是比较稳定，上盘是绿泥石片岩和千枚岩稳固性差，应当从上盘薄弱环节开始回采。若采用由下盘推进时，围岩能量释放率和采场体积闭合率都要增大，潜在变化区也要增大。有可能造成因下盘已开采，当回采上盘时，由于应力过于集中，造成围岩不稳定而发生大面积冒落。（5）方案中，对于薄矿体，一次同时回采，切断两边断层的连续性，使回采后围岩应力冲破断层阻挡作用，向围岩内传递，并切断断层的连续性，防止断层的大量滑移。

对于厚大矿体来说，应当从两断层处同时回采，同时向着上盘回采，这就消除断层的隔离应力和应力传递过程中出现的应力叠加现象，从而可以保证回采在围岩处于最优稳固状态下进行。

五、上、下中段之间的回采顺序

同时回采的中段数与生产能力有着直接的关系，生产能力大，同时生产的中段数就应多些，反之，就少一些。就小铁山矿来说，根据兰州有色冶金设计研究院有限公司的总体设计，其双中段开采，才能满足生产的要求。通过对1604水平至1484水平三个中段宽度为500 m，高度为180 m的模型计算可知，在多中段回采过程中，应尽量推迟下一个中段的回采，或加大上、下中段回采间距，同时在走向方向上对采场布局要合理安排。

六、生产现状与改进措施

巷道的布设与其断面从小铁山矿现有的巷道情况来看，大部分穿脉均布设在与最大主应力方向成30°夹角的范围内，处于有利位置，这是合理的。而大部分穿脉巷道均设在与最大主应力方向成大于60°夹角的范围内，处于较为不利的情况。从现场看，穿脉巷道，特别是布设在凝灰岩中的分层穿脉巷道，在应力与岩性的双重因素下，破坏较为严重，而穿脉巷道除穿过断层破碎等个别情况下，一般较稳定，因此在以后的设计中，应特别注意穿脉巷道的方向设计，当然其方向是受多方面因素制约的：一方面受开拓系统的限制；另一方面与矿体的赋存条件有关，即矿体的走向直接影响着采准工程的布设。故在今后的设计中，既要考虑地应力作用，同时也要兼顾其他方面的因素。

巷道的断面规格：目前小铁山矿的回采中，回采采用4 m×4 m断面；穿脉巷道采用3.5 m×3.5 m断面和2.8 m×2.8 m断面。当然，穿脉巷道的规格主要决定于采掘设备的规格；而回采进路中，穿脉巷道高为4 m，而宽度主要决定于矿体的薄厚；从地压角度来看，小铁山矿的水平地应力为垂直地应力的1.3~2.7倍，其中大部分为1.5倍的关系，以及根据地压三维有限单元分析结果可以得出以下结论。

当穿脉巷道的宽高比应小于1时，穿脉巷道较稳定。

当穿脉巷道宽高比应大于1时，穿脉巷道较为稳定。在穿脉巷道回采高度为4 m的情况下，其宽度为4.5~5 m较好。当然这要根据矿体的宽度来定，在矿体的宽度允许的情况下，应遵循这一规律，这不但能提高生产能力，同时也维护了回采穿脉巷道的安全；穿脉巷道的宽度小于其高度，而不能笼统地定为3 m×3 m或3.5 m×3.5 m的三心拱断面，而应根据设备、风水管线等运行的安全要求而定。

矿体的回采顺序采用上向巷道尾砂胶结充填采矿法，按"品"字形结构划分采场，一般是从上盘到下盘的顺序进行回采的，偶尔当上盘已采进未及时充填上时，也有间隔进路进行回采的，但总体上还是遵循从上盘到下盘的回采顺序。同一水平分层的回采，应坚持均衡上升的原则，以避免局部太滞后，存在应力集中区，给回采带来困难。

从地压应力的角度来看，断层阻隔了应力的传递，说明若不从断层处回采，势必导致断层处的应力太大，给回采断层处的进路带来困难。在这一问题上，不同学者存在着不同的意见。有人认为先将安全处的矿石先回采，断层处的矿石加强支护，能回收多少就回收多少，否则若先回采断层处的矿石，会因为断层的存在，造成冒落，这样不仅该处的矿回采不成，还会导致上盘安全处的矿石也无法回采。通过对矿山地应力活动规律的分析和研究，揭示了地压应力传播的规律，按地压应力的要求，先从最薄弱的环节——断层处着手回采，再向上盘推进回采矿石，并结合喷锚网联合支护，确保安全回采，否则像1692水平750穿脉巷道，因为回采下盘断层处的矿石，未进行支护，导致穿脉巷道冒落，上盘高品位的矿石损失。

中段回采状况及要求：根据小铁山矿地压活动规律的分析，在设计、施工中，尽可能按其地应力活动规律进行，一般下中段开拓采准超前上中段2～3个分层为易，其有利用矿山安全生产，从而推动采矿工艺向更高、更新的方向发展。

第五章 矿山瓦斯安全检测检验

第一节　语音报警式瓦斯检测装置的设计

利用单片机和传感器技术，设计了一种瓦斯检测装置。该设计以AT89C2051单片机为控制核心，用气敏传感器QM-N5检测瓦斯浓度；通过电桥测量电路，把瓦斯浓度的变化转换为相应的电压信号，经放大及预调理之后送入单片机中进行数据处理，并在发光二极管（LED）上动态显示瓦斯浓度值；一旦超过设定的瓦斯安全浓度值，单片机控制语音模块播放报警录音信号。

瓦斯爆炸事件是煤矿、石油及化工等企业的重大灾害事故之一，它是一种极为强烈的化学反应，其产生的高温高压、冲击波及释放的大量有毒气体，给煤矿、石油及化工等企业带来灾难性的破坏和巨大的财产损失，严重危及工作人员的健康和生命安全。因此，为了保证安全生产，必须对瓦斯存在的情况进行检测并及时报警，以及采取安全防护措施。气敏传感器是可感知空气环境中待测气体成分及其浓度含量的一种敏感器件，它将气体种类及其与浓度有关的信息转换成相应的电信号，然后根据这些电信号的强弱获得环境中待测气体的相关信息。用金属氧化物敏感材料SnO_2制作的气敏传感器QM-N5，因其对待测气体具有较高的灵敏度，且性能稳定、动态特性好、使用寿命长及制造成本低等优点，所以被广泛用于工业生产。

一、语音报警式瓦斯检测装置

该装置由瓦斯浓度信号检测、调理电路、语音录放电路及LED显示电路等模块组成。瓦斯浓度信号使用气敏传感器QM-N5进行检测；语音录放电路使用BA9902语音芯片；LED显示电路使用MAX6959控制数码管，由单片机AT89C2051控制播放语音报警信号，并可直接用语音芯片的扬声器来实现录音功能。该装置主要元件功能详细介绍如下。

（一）信号检测及调理电路

信号检测及调理电路包含传感器测量电桥、差动放大器和A/D转换电路三部分。气敏传感器QM–N5是一种高灵敏度的半导体气敏元件，工作电压为5 ± 0.5V，由加热丝EF和测量电极AB组成。电阻R_5、R_6与15 V电源和地构成分压回路，使F点对地电压U_F=+5 V，为传感器测量电桥和气敏传感器QM–N5的加热丝提供5 V的工作电压。无论环境中瓦斯气体是否存在，气敏传感器QM–N5在通电后最初的几秒内，其测量电极间等效电阻的阻值都会急剧下降，然后随着周围环境趋向稳定（即存在初始动作），因此在使用气敏传感器QM–N5时，需要先使用加热丝对该传感器进行预热几分钟，在该传感器预热的这段时间内系统不采集瓦斯浓度数据，以此来防止气敏传感器QM–N5的测量电极间的等效电阻不稳定现象而造成测量装置的误报警。

气敏传感器QM–N5的测量电极与电阻R_1、R_2、R_3组成一个传感器测量电桥，当环境中没有瓦斯流过敏感元件时，微调电桥平衡电位器W_3使电桥处于平衡状态，此时电桥的输出电压为0；当瓦斯流过敏感元件时，测量电极AB两端需要加5 V的工作电压，在加热丝和电阻R_4两端加上5 V的加热电压。在空气环境中无瓦斯时，测量电极AB间的等效电阻值很大；当处于含有瓦斯的空气环境中时，测量电极AB间的等效电阻值迅速变小，测量电桥的平衡状态被破坏，从而使电桥输出一个与瓦斯浓度成比例关系的不平衡电压U_{CA}，不平衡电压与气敏传感器QM–N5测量电极间的电阻变化量ΔR_{AB}具有一定的函数关系，而气体浓度的变化量ΔP与电阻变化量ΔR_{AB}呈线性关系。

由集成运放芯片741组成差动放大器用来放大测量电桥的不平衡电压U_{CA}，其中电位器W_1和W_2分别是差动放大器的调零电阻和增益电阻。该系统采用ADS1100作为系统检测电路的A/D转换电路，其输入电压范围为0～2.048 V，因此，差动放大器使用电位器W_2改变放大器的增益，将其输出电压值调整到0～2 V，经过放大电路调整后的输出电压，即可作为ADS1100的输入电压。ADS1100的SCL（控制线）和SDA（数据线）接上拉电阻与单片机的两个全双工串行口RXD（接收数据的引脚）（P3.0）与TXD（发送数据的引脚）（P3.1）连接，上拉电阻使用4.7Ω的电阻。

（二）主电路

主电路包含系统的语音报警模块、功能按键模块及LED显示模块等。系统AT89C2051单片机采用的是低电压、高性能CMOS（互补金属氧化物半导体）8位单片机，片内含2 k字节的可反复擦写的只读程序存储器和128字节的随机数存储器；具有15根I/O口，2个16位定时器，一个5向量两级中断结构，一个全双工串行口，一个精密模拟比较器及2种可选的软件节电工作方式；兼容标准MCS-51指令系统，片内置通用8位中央处理器和Flash存储单元。

BA9902是一种Flash电闪模拟直接存储和录放语音的集成电路，录音信息可以长期保存，可重复录10万次以上，外围电路用2个按键和自身所带的1个扬声器就可构成1台高音质的语音录放系统。录音时，可以直接用其扬声器作话筒，按下检测系统的录音键，系统进入录音状态，录音指示灯亮，直至BA9902的存储器录满或是放开录音键，录音状态结束。用单片机的P1.7控制BA9902的放音功能，当需要播放录音报警信号时，P1.7给出低电控制信号，语音录放模块进入放音状态，直至放音结束。

（三）主要功能

该检测系统除了具有语音报警功能之外，还加入了LED数码管显示模块，可以用动态显示实时瓦斯浓度值，便于工作人员观察工作环境中的瓦斯浓度。该检测系统采用美国MAXIM公司生产的MAX6959集成电路芯片实现瓦斯浓度值的显示功能。它可以驱动4个8段LED数码管和4个独立的LED，配合软件程序实现LED数码管显示亮度的调节功能，共有64个显示亮度等级，可以根据系统功能在不同的应用场合灵活使用。

二、语音报警式瓦斯检测装置展望

气敏传感器QM-N5检测到瓦斯信号后，用测量电桥将瓦斯信号转换为电桥的不平衡电压信号，该电压信号由差动放大器电路进行放大，经ADS1100模数转换后送入AT89C2051单片机进行数据处理。一方面，由LED数码管动态显示当前瓦斯浓度值；另一方面，与存储器中的瓦斯安全浓度设定值进行比较，当前瓦斯浓度值大于设定安全浓度值时，报警电路发出语音报警信号，提醒工作人员离开并采取相应的安全防范措施。

以单片机为控制核心设计的语音报警式瓦斯检测装置，该设计有效地利用AT89C2051的内部资源，将瓦斯浓度信号检测模块、语音报警模块、LED数码管显示模块与单片机有机地结合起来，实现了瓦斯浓度显示及安全语音报警功能；并设置有4个独立式功能按键，可以配合软件实现其他功能。该系统的主要特点是电路简单，可以由软件来实现许多其他功能，因此，该系统具有很大的扩展空间。

第二节 基于混沌理论的井下瓦斯浓度信号的检测

近年来，因瓦斯浓度超标引起的重大矿难逐年增加，造成人员伤亡，社会影响比较大，因此做好瓦斯浓度信号检测工作，及时控制矿井瓦斯的变化情况，对井下安全作业有着极其重要的意义。针对瓦斯检测中的实际问题，即煤矿井下环境非常复杂，随机干扰因素很多，导致瓦斯浓度信息的被检测信号较为微弱，这给井下瓦斯浓度信号的检测带来了极大的挑战，同时这一领域也成为越来越多学者关注的热点。至今为止，混沌理论已被广泛应用于众多的学科之中，其中在信息处理领域的应用是信息处理发展的主要方向之一。Duffing振子系统对微弱周期信号有极强的敏感性，而且对噪声具有很强的免疫性，因此人们常利用Duffing振子系统这个特点来检测微弱信号。

Duffing振子系统检测微弱信号的核心是判断系统相轨迹状态的变化。多年来，学者已提出了很多判断相轨迹变化的方法，但是其中最常用、最直观，同时也是应用最为广泛的就是视图法，也就是通过观察系统的相轨迹判断其变化。淹没在噪声中的被测微弱信号被Duffing振子系统检测，将被测信号作为混沌理论周期策动力的摄动，由于混沌理论对噪声的免疫力和对周期小信号的敏感性，即使被测信号的幅值非常之小，只要输入Duffing振子系统之中，该系统的相轨迹状态都会发生巨大的相变，通过模式识别或取包络识别等方法判断系统状态的变换，从而可判定被信号是否存在，若需要检测更多的被测信号则更多的参数只需作进一步处理即可。

本节将混沌理论中的Duffing振子系统检测信号的方法引入井下信号处理之中，将良好的抗噪性能的Duffing振子系统检测法用于对瓦斯浓度信号的检测当中，使井下瓦斯浓度信号的强背景噪声得到有效抑制，从而提取目标被测信号。本节详细研究了Duffing振子系统检测信号的原理，并把其应用于井下瓦斯浓度信号的检测之中。最后，进行了数值仿真，仿真验证了基于混沌理论的微弱信号检测法，在复杂井下环境中瓦斯浓度信号检测依然有效。

瓦斯浓度信号是比较复杂的，而且是多变的，数学模型不易表达，而由傅立叶级数的普适性可知，瓦斯浓度信号可以变换为多个正弦或者余弦信号之和的形式。所以，本实验以微弱正弦信号为被测信号，从而使基于混沌理论的瓦斯浓度信号检测法的原理与性能得到验证。

此组对比实验结果验证了Duffing振子系统对井下噪声具有极强的免疫力，而对与其策动力频率相同的微弱正弦信号的瓦斯浓度信号却极其敏感，所以Duffing振子系统能有效地检测微弱信号，即可验证混沌理论检测瓦斯浓度信号的有效性。

由于瓦斯浓度信号的微弱性及井下自然环境的恶劣，本节在井下瓦斯浓度信号检测之中引入了最新的基于混沌理论微弱信号检测法。通过建立Duffing振子系统，其初值敏感性及检测微弱信号的原理得到了深入的研究，并给出了计算机仿真图。最后进行了数据仿真，仿真结果证明了瓦斯浓度信号能被基于混沌理论的井下瓦斯浓度信号检测法有效地检测到。

第三节 巷道瓦斯气体浓度自动巡检小车设计

本节主要介绍了一种基于微控制器的轮式瓦斯气体浓度巡检小车，该小车通过气敏传感器、超声波探头和轴角编码器，替代了低效繁重的人工巡查，其可自动执行巡检及瓦斯浓度探测，并通过无线传输单元向基站发送浓度超限点具体位置信息及与基站实时交互任务参数。实测结果表明，该巡测小车及辅助装置是对煤矿及巷道瓦斯气体浓度进行预防性检测的有效手段。

煤矿开采在国民经济中占有重要地位，而巷道中瓦斯及二氧化碳气体浓度检测是保证生产安全的重要工作。人工巷道检测工作量繁重、效率低下且危险系数大，移动式自动巡检小车是一种方便可行的替代手段。本方案中的自动巡检小车主要使用3种传感器，分别完成气体探测、避障和小车远程定位任务，可对巷道实施不间断检测。开发平台使用BASIC Stamp微控制器及相应的BASIC Stamp编辑器（version 2.3.9），编程语言使用P Basic。传感器组选用气敏传感器、PING）））超声波测距传感器和光电式轴角编码器。轮式小车的驱动选用Parallax伺服系统。

一、轮式瓦斯气体浓度巡检小车的整体设计

轮式瓦斯气体浓度自动巡检小车整体结构包括BASIC Stamp微控制器、Parallax Boe-Bot组件、气敏传感器、PING）））超声波测距传感器、光电式轴角编码器及报警用蜂鸣器等9个组件。

（一）BASIC Stamp微控制器

BASIC Stamp微控制器作为高度集成的微计算机，是轮式气体浓度巡检小车各种行为的决策单元，它和其他硬件通过各种接插件安装在专门设计的主板上。

（二）Parallax Boe-Bot组件

Parallax Boe-Bot组件用于驱动轮式巡检小车做相应运动。该小车有3副碟式

轮，一副无驱动力的随动后轮和两副由伺服电动机驱动的前轮。两副前轮各自接受BASIC Stamp微控制器发出的独立驱动信号实现前进、后退和转弯等运动。随动后轮上安装有轴角编码器，工作时向微控制器传送后轮角位移信号，经转换为行驶里程后用于小车位置定位。

（三）气敏传感器和PING）））超声波测距传感器

上述任务的执行需要两种传感器：采用In_2O_3超细粉体，掺杂Au和金属氧化物（SiO_2、Fe_2O_3等）的瓦斯气敏传感器（CO_2浓度检测需采用其相应气敏材料），经过Pd/Al_2O_3的表面催化处理，工作时功耗低于100 MW（空气中）。在调试时可在程序代码中进行相应工作点和灵敏度的设置与标定。与BASIC Stamp微控制器结合使用的PING）））超声波测距传感器，用于测距避障，其有效测距范围为0.03~3.3 m。

（四）警示及显示单元

蜂鸣器用于通知附近工作人员当前检测到的瓦斯气体浓度超限；LED用于显示超限点的位置信息，此信息同时也会通过无线传输单元传回基站。

（五）Pavallax 433 MHz RF无线接收、发送单元

设计方案选用Parallax 433 MHz RF无线接收、发送单元，可与基站进行串行数据传输，最大传输距离为90 m。长距离检测时，可选用其他更大功率的无线接收、发送单元，或者配合无线信号中继单元，以扩大信号覆盖范围。

（六）导轨架

考虑到该小车需要以足够低的功耗运动，从而提高其续航性能，并保证其沿被测巷道安全运行，本设计采用聚四氟乙烯基复合材料导轨架，工作时两副前轮与两侧的导轨配合，后轮则沿中间的导轨滚动。

该导轨架经过简单切割、压制和拼装而成，具有低成本、摩擦因数低、耐磨且消振吸声等优点。在导轨相邻支点间距0.6 m的试验条件下实测，验证了它可支撑约5 kg的小车做往复运动。

二、基于微控制器的主控单元

主控单元分为主系统、运动子系统和传感器子系统及报警子系统，集成于

轮式瓦斯气体浓度巡检小车系统中的PING）））超声波测距传感器，用于检测小车与前进方向障碍物之间的距离，进而控制小车的运动。如果间距小于5 cm，则程序会触发停止操作，小车停止1 min；如障碍物仍在前方，则退回当前任务工作区间起始点；PING）））超声波测距传感器、气敏传感器和伺服单元通过微控制器及控制软件协同工作。当该小车检测到当前位置存在气体浓度超限时，程序会触发停止操作，结合轴角编码器数据以确定超限点（即小车当前点）具体位置，同时被触发的还有报警操作和LED的信息显示操作。如果没有检测到气体浓度超限时，小车会依照设定方案沿巷道持续往返巡检。

（一）主系统

应用Parallax Boe-Bot组件搭建的小车，其BASIC Stamp微控制器控制驱动和传感器子系统包括以下几个方面：①BASIC Stamp微控制器及相关I/O接口，用以运行各种操作的算法及程序；②传感器子系统，PING）））超声波测距传感器检测探头所指方向最近障碍物距离；③气敏传感器检测当前巷道位置有无气体浓度超限；④报警子系统。

（二）运动子系统

BASIC Stamp微控制器向2个Parallax伺服电动机发送驱动脉冲信号，伺服电动机带动两副碟式前轮完成相应运动。伺服电动机由6 V直流电池供电，同时经由微控制器的I/O端口接收PWM控制脉冲信号。不同的PWM控制脉冲信号序列的组合分别可对应前进、后退和转弯等基本动作。

（三）传感器子系统

传感器系统包括气体浓度及障碍物检测组件。小车沿巷道巡检时两组件始终处于工作状态，如果检测到气体浓度超限，程序相应状态位置为1，否则为0，即当前位置存在气体浓度超限，同时触发蜂鸣器和LED显示屏相应报警与信息显示操作。

在障碍物检测例行子程序开始时，微控制器向PING）））超声波测距传感器发送对应"开始测量"的指令脉冲，PING）））超声波测距传感器的超声波探头中的发送头发出一束短促的超声波，接收头等待并接收反射回波，计数器记录的数值经换算对应成被测距离。

（四）报警子系统

当检测到气体浓度超限时，微控制器触发报警子系统及显示系统。

三、系统测试

按上述方案设计开发的各功能组件组装成轮式小车原型机，此时控制程序已存入微控制器内存单元并已调试完毕。系统测试分解为4种功能：组装及基本运动功能、气体浓度超限检测、定位功能及报警、LED屏显功能。

（一）组装及基本运动功能

组装完成的巡检小车原型机包括各传感器及显示报警单元在Parallax Boe-Bot组件上的相对安装位置。该原型机由电池驱动，基本运动功能测试包括前进、后退和左右转弯。将小车安装到导轨上，并完成了前进－探测到终点挡板－停止－后退至出发点的一系列设定操作，检测到障碍物并停止时，小车与障碍物间距设定为5 cm。

（二）气体浓度超限检测、定位功能及报警、LED屏显功能

测试气体浓度超限检测功能通过向气敏传感器附近喷射气体（使用便携瓦斯气罐），报警浓度阈值标定后可在程序中设定。一旦检测到气体浓度超限，小车在当前位置停止，气敏传感器上的LED灯点亮，同时LED上显示相关信息并触发蜂鸣器报警，气体浓度超限点位于距出发点18 cm处。当停止喷射气体，传感器检测到的气体深度低于阈值后，气敏传感器上的LED灯熄灭，小车继续向前行驶直至导轨终点，小车处于正常行进状态，当前小车位置为11 cm，气体浓度超限标志位状态为0。

测试结果证明，小车可在距障碍物或终点5 cm处自动停止。传感器及报警、显示子系统可正确完成设计方案的功能。

目前巷道瓦斯气体浓度超限检测有多种不同原理的技术和实现方式，各有其优势和不足。上述气体浓度超限探测小车LED屏显定位信息和检测状态，可通过433 MHz无线发送、接收单元传输至90 m外的基站，加入1级无线信号中继单元，该范围可扩展1倍。对于非瓦斯气体的检测可通过换装针对特定气体的气敏传感器予以实现。该小车可以执行沿巷道的自动巡检任务，从出发点开始，沿导轨探测气体浓度，现场显示及无线传输浓度超限点位置信息，遇障碍物或终点挡

板自动退回出发点，并重新开始下一轮巡检。原型机使用的6 V 4.5 AH电池试验一次充电续航里程为15 km，适用于矿区范围内巷道的预防性自动检测，可实时回传巷道上浓度超限点的位置，工作时现场无须人员干预，可有效提高检测效率及维护安全系数。以后可加入巷道特征识别和跟踪功能，使小车能够在无导轨情况下也能进行沿巷道的自动巡检。

第四节　基于煤矿瓦斯爆炸安全预警系统的设计研究

煤矿瓦斯爆炸事故对煤矿井下工作人员的生命安全造成了严重的威胁，是煤矿企业安全生产首要解决的难题。物联网技术可以实现对煤矿生产过程中工作人员、生产环境及机器设备的有效监管，构建集定位检测、预警管理为一体的动态安全预警系统，进而提高煤矿安全管理水平，降低煤矿瓦斯爆炸事故的发生概率。

我国很多煤矿企业已对矿井瓦斯含量、温度及地下水位、顶板压力实施自动化检测，进一步确保煤矿安全生产。但很多煤矿企业对于检测得到的原始数据只是进行简单处理，缺乏对检测数据之间内在关系的研究。针对这种现状，很有必要以物联网技术为基础，构建出新的煤矿瓦斯爆炸安全预警系统。

一、煤矿瓦斯爆炸安全预警系统的设计

物联网主要是以互联网为基础，通过传感器、全球定位系统及射频识别系统等建立起人与物、人与人，以及物与物之间的内在联系，是一种可以进行智能化识别、定位跟踪及监管的一种网络。利用物联网技术构建的煤矿瓦斯爆炸安全预警系统可以分成应用层、传输层及感知层三层结构。

感知层主要作用是感知采集煤矿井下监控范围内工作人员、设备及环境的各种信息，以确保物联网对人员、各种设备的智能化识别、定位与管理。传输层主要对感知层所得的信息实施数据接入及网络输送，促使各通信网络和物联网构

成承载网络，实现物联网层和层之间的信息通信。而应用层主要对数据信息实施转换分析，其能够对整个动态预警管理系统的井下情形进行动态分析管理，然后按照专家系统指令控制现场作业。

二、设计煤矿瓦斯爆炸动态安全预警系统

该系统主要包括防爆专家系统、矿井安全信息系统、安全信息网络共享系统及爆炸危险性动态预警系统等各种模块。其一，矿井安全信息系统主要对矿井安全监护系统进行数据采集、高级分析，形成动态预警指标，然后对全部安全信息进行查询、分析等。例如，进行现场作业检查是发现现场安全隐患、评估现场安全情况的重要形式。该系统可实现对现场放炮作业流程的整体监控，用射频识别技术高频读写终端，获取图像、条码扫描及各种无线通信信息等，充分满足了煤矿井下工作人员在恶劣的环境条件下采集现场作业信息的需求。同时对于瓦斯赋存规律实施智能化分析，分析瓦斯地质煤层赋存的参数分布情况，如倾角、走向及厚度等。矿井人员携带的移动式瓦斯传感器用的是ZigBee技术，可将工作台面的瓦斯数值传输至工作面端口的瓦斯监控系统内，适时监测瓦斯源头情况。其二，煤矿瓦斯爆炸的危险性动态预警，主要是以工作面为预警单元，并将其分成状态与趋势两种不同的预警方式。其中，前者是以工作面火源、瓦斯传感器故障及聚积为指标制定的预警规则，后者主要包括瓦斯超限次数、瓦斯日移动平均数值及超限次数增长率等。利用互联网可适时浏览矿井工程图件、通风系统图、爆炸预警结果及设备布置图等各种情况，同时共享安全信息。其三，防控煤矿瓦斯爆炸的专家系统，该系统具有知识查询、管理组织、制定各种方案、制定灾后救援措施、及时反馈等功能，其在瓦斯爆炸动态安全预警管理系统中具有重要作用。同时，这个系统能够对各级安全监控系统的设备、环境及现场作业情况适时监测，形成所需动态预警指标，预测瓦斯异常出现的具体时间、地点、灾变波及其范围等。该系统和综合监测系统可实现联合远程监控，然后统计分析出安全隐患、人员违章情况及事故情况，进而将其反馈至动态预警系统，依据反馈机构调整各模块功能，构建闭环安全管理体系。

三、煤矿瓦斯爆炸动态安全预警系统的结构设计

该系统主要以安全信息数据库为基础，由图形浏览器、矿图编辑系统及灾

害监测数据分析器、瓦斯爆炸知识库系统及控制台构成。在煤矿井下构建网络时，不是要代替原有工业网络，而是以ArcGIS为基础开发平台，构建以物联网为基础的瓦斯爆炸预警系统，同时结合传感器技术、宽带无线技术等，形成无线传感器网络与以太网同时存在的物联网系统。煤矿瓦斯爆炸安全预警系统在某地煤矿进行现场试验，选用2827采煤工作台面与二号石门、综合面等进行试验，得出前期试验效果非常好。将试验对象扩展至整个工作面，系统平稳正常运行，且可按照该预警模型得到较准确的预警结果。

综上所述，这种基于物联网技术的煤矿瓦斯爆炸安全预警系统，将煤矿各个生产环节的设备监控融为一体，结合工业以太网在信息中心位置对各项生产环节实施监控，并将综合性的预警数据服务器、管理系统与现有煤矿安全监控系统对接，整合了煤矿各职能部门的安全信息，能够实现恶劣环境下生产网络内部的机器设备及基础设施的共同管理，大大提高了预警准确性，可以有效防止煤矿瓦斯爆炸事故的发生。

基于物联网的煤矿瓦斯爆炸动态安全预警系统是保障煤矿安全的新方法、新手段，是一项融合了煤矿安全理论、物联网技术和预警技术的复杂系统工程。动态预警系统的体系结构可划分为感知层、传输层和应用层，可实现矿井安全信息系统管理、瓦斯爆炸危险性动态预警、安全信息共享、灾害预防和控制专家系统等功能，还可以整合现有资源，实现复杂环境下生产网络内的人员、机器、设备和基础设施的协同管理与控制。

煤矿瓦斯爆炸事故灾害严重地威胁着矿井工作人员的生命安全，制约着矿井生产的发展，给煤炭企业带来了沉重的负担，是煤矿生产的头号大敌。利用物联网技术对矿山生产中的人员、机器、设备和生产环境等实时监控与管理，研究建立集安全生产、定位、监测、预警、管理为一体的瓦斯爆炸动态安全预警系统，已成为提高煤矿安全管理水平，减少瓦斯爆炸安全事故发生和降低事故人员伤亡，提高灾后抢险救援能力的必然要求。

物联网以互联网为骨干，通过射频识别、传感器、全球定位系统等信息传感设备建立起人与人、人与物、物与物之间的内在联系，是实现智能化识别、定位、跟踪、监控和管理的一种网络。煤矿瓦斯爆炸动态安全预警系统通过对人员、设备、生产、环境的全面感知，利用高速网络实现全面覆盖，提高矿山的安全管理水平；利用信息技术、网络技术及传感网络对矿区人员、瓦斯浓度、通风设施、温度、机电设备等系统的感知与控制，采用实时监控、安全检查、隐患管理、事故预防、应急救援等措施，预防和控制煤矿瓦斯爆炸事故的发生。

（一）煤矿瓦斯爆炸动态安全预警系统的体系结构设计

煤矿瓦斯爆炸动态安全预警系统的结构体系可划分为感知层、传输层和应用层。

（1）感知层。其主要功能是感知、采集井下监控区域人员、设备和环境的信息，通过射频识别技术标签读写器、传感器、条形码只读器、视频摄像头、全球定位系统等设备，完成物联网对人员和设备的智能化识别、定位与监控。

（2）传输层。其主要利用现有的各种网络通信技术对感知层的信息进行数据接入和网络传输。网络层主要采用能够接入各种异构网的设备实现网络接入、网络管理和网络安全功能；数据接入通过互联网、移动通信网、卫星通信网等各种通信网络与物联网形成承载网络，完成物联网层与层之间的信息通信。

（3）应用层。其是由各种应用服务器组成的综合信息化系统，包含矿区3D地理信息系统、综合自动化系统、人员管理系统、视频监控系统、短信管理平台、矿区应急指挥系统、调度系统、专家系统等，主要对数据信息进行汇聚、转换、分析。应用层实现的是整个煤矿瓦斯爆炸动态安全预警管理系统对井下工作现场信息的动态采集、分析和处理，并根据专家系统的状态指令实现现场作业的控制、反馈。

（二）煤矿瓦斯爆炸动态安全预警系统的功能设计

煤矿瓦斯爆炸动态安全预警系统主要包括矿井安全信息系统、瓦斯爆炸危险性动态预警系统、安全信息的网络共享系统和防爆专家系统。

1.矿井安全信息系统

矿井安全信息系统可对矿井安全监控系统的历史和实时监控数据进行采集、存储与高级分析，从而形成需要的动态预警指标，并可对所有的安全信息进行查询、维护和分析。

（1）煤矿井下人员考勤定位管理。该系统采用骨干光纤环网+无线接入的组网方式，选择以太网、TCP/IP协议（传输控制协议/因特网互联协议）、Wi-Fi/

ZigBee无线通信、地理信息系统等技术为基础的技术体制，集考勤管理、人员定位和安全管理于一体。该系统可提供职工姓名、年龄、科室、安全培训等基本信息，并记录每个人员的入井及出井时间，统计生成各种考勤报表，还可查询指定人员活动轨迹及当前所在位置，以及查询任一指定基站内的人员情况、数量，并进行实时跟踪，统计查询进入特殊区域的人员，方便管理人员实时掌握放炮时警戒线设置、瓦斯浓度、放炮距离及"一炮三检"制度的落实。

（2）现场作业检查。现场作业检查是现场安全管理中发现隐患、评价现场安全状况的重要形式。建立基于BBS理论的现场观察系统，观察员到现场观察员工的工作，除对正确的行为给予肯定、激励，对不安全行为进行纠正和指导外，还要记录、传输现场信息。重点加强现场放炮作业流程的监控，采用射频识别技术高频读写终端，将图像获取、无线通信、条码扫描、射频识别技术读写器等功能集成到设备中，满足观察人员在井下恶劣环境中使用，采用键盘输入和手写触摸屏输入数据，便于高效、准确地采集现场作业信息。

（3）瓦斯地质信息分析。瓦斯赋存规律智能分析（瓦斯含量、瓦斯压力等值线绘制等）、地质构造及其影响范围分析、瓦斯积聚点分布统计、煤层赋存参数分布（埋深、倾角、厚度、走向等）。矿井人员携带或机载的移动式瓦斯传感器采用ZigBee技术，将工作面的瓦斯值传输到工作面端头的瓦斯监控系统中，实现瓦斯源头的实时监测。

（4）机电设备信息分析。煤矿井下开采用到的设备类型多、型号复杂且井下环境恶劣，增加了机电设备作业的危险性。对机电设备信息进行统计管理，将设备数量、新旧程度，机电设备的维护与润滑管理、安全运行管理、检修管理等信息输入并上传到网络服务器共享，从而便于机电设备的维护与安全运行、检修、校正管理，减少由于机电设备因素带来的隐患和事故，降低事故发生率。

（5）事故资料统计和分析。根据实测数据，对事故资料沿空间和时间的分布规律进行统计与分析，为确定事故发生规律、划分事故危险区和预警提供信息基础。安全事故管理包括事故发生记录、事故处理记录、事故统计分析、安全事故统计报表等功能。事故发生记录和事故处理记录可详细地记录事故的发生日期、类型、伤亡人数、经济损失、事故原因、事故处理后果等信息，事故统计分析根据已有的数据自动对事故数据进行统计分析，并形成安全事故统计报表。

（6）通风系统稳定性评价与动态网络解算。通过测定通风参数，建立通风系统数据库，实现通风系统的信息化管理，进而对矿井通风系统的稳定性和可靠性进行评价，同时可动态地对通风网络进行解算，优化通风系统。

（7）矿井安全信息查询。可对矿井的所有安全信息进行查询。例如，对工作面煤层情况、地质情况、瓦斯赋存情况、巷道布置情况、工作面周围环境情况、瓦斯涌出情况等基础信息进行查询；对瓦斯爆炸预警结果和原因、瓦斯爆炸预测结果和措施执行情况进行查询；对矿井瓦斯管理制度、放炮审批程序和人员责任制、对安全检查结果、安全隐患整改情况、奖惩情况、瓦斯爆炸事故情况等可进行网上查询。

2.瓦斯爆炸危险性动态预警系统

瓦斯爆炸危险性动态预警系统以工作面为预警单元，分为状态和趋势两种预警方式。状态预警以工作面火源、明火、瓦斯传感器故障和瓦斯聚积为指标体系设定预警规则。趋势预警包括瓦斯一日移动平均值、移动平均值增值率、瓦斯超限次数和超限次数增长率四项指标。

3.安全信息的网络共享系统

通过计算机网络（局域网或互联网）对矿井工程图件、设备布置图、通风系统图、防爆措施图、监测数据、爆炸预警结果及安全管理的相关情况的浏览，实现安全信息的共享。

4.防爆专家系统

防爆专家系统对预防和控制瓦斯爆炸的知识查询、标准查询、管理组织、方案制订，各种隔爆抑爆措施、设计及落实情况，灾后救援措施的制定及实施反馈，在煤矿瓦斯爆炸动态安全预警管理系统中起着重要的作用。该系统可对各级安全监控系统的历史及人员、设备、环境、现场作业的实时监测数据进行存储和高级分析，形成需要的动态预警指标。瓦斯异常发生的时间、地点、类型自动判识技术，瓦斯涌出量统计与预测，灾变波及范围动态预测，灾变危害程度预测，应急措施建议，均可与综合监控系统实现联合远程控制。将安全隐患、人员违章、重点作业安全监察、事故等的管理及统计分析，安全举报与奖惩公示，整改、跟踪与预警等信息反馈给动态预警系统，并根据反馈结果实时调整各模块的功能，从而形成闭环的安全管理系统。

（三）煤矿瓦斯爆炸动态安全预警系统的结构设计

煤矿瓦斯爆炸动态安全预警系统以安全信息数据库为基础，以矿图编辑系统、瓦斯爆炸知识库系统、图形浏览器、灾害监控数据分析器和控制台为主要部分，以ArcGIS为基础开发平台，形成基于物联网的瓦斯爆炸预警系统。在煤矿井下构建物联网络并不是要替代原有的工业以太网络，而是要融合宽带无线技术和传感器技术，构建光纤冗余工业以太网和无线传感器网络并存的物联网络系统。

（四）现场试验情况

瓦斯爆炸动态安全预警系统在寺河煤矿进行了现场试验，选取了2827采煤工作面、2827二号石门和2826综放面三个工作面作为前期试验工作面，在前期试验效果较好的情况下，将试验对象遍及所有采矿工作面，经过现场试验，该系统基本能够稳定运行，并能够根据预警模型给出正确的预警结果。

煤矿瓦斯爆炸动态预警安全管理系统基于物联网，将煤矿各生产环节的设备监控融为一体，利用工业以太网对各生产环节分别进行监控，将综合预警数据服务器、预警数据管理系统和现有的煤矿安全监控系统连接起来，在地理信息系统ArcGIS平台上集中管理和综合分析散落在煤矿各职能部门的安全信息，并整合现有资源，实现复杂环境下生产网络内的人员、机器、设备和基础设施的协同管理与控制，提高预警的准确率，有效地预防煤矿瓦斯爆炸事故的发生，为传感器在灾害监测预警中的大规模应用推广提供依据。

第五节　微地震监测技术及应用

近年来水力压裂微地震监测技术发展迅速，并在钻井现场拥有很好的应用前景，笔者从微地震监测技术的原理出发，并指出目前现场施工作业时的难点，还提出了相应的技术对策。为了较好地评估区块内水力压裂过程中的破裂发生和发展状况，更好地评估压裂效果，进一步优化工艺参数和网络系统，为井距论证和整体开发井网部署提供依据，建议在井区内优选几口井进行水平井压裂微地震监测。

一、微地震监测水力压裂技术原理

近年来微地震监测水力压裂技术发展迅速，并在钻井现场拥有很好的应用前景。微地震监测技术是建立在地震学和声发射原理的基础上的，以在水力压裂过程中形成的小地震事件为目标，通过展示裂缝空间立体形态达到裂缝监测的目的。

假设某个点上发生了微小地震，该地震将会导致地层出现剪切错动，因为错动又会出现微地震波的震源。这样的地震震源与其他地震勘测不同，这样的震源影响能力并不大，其差不多等同于几克的炸药所产生的影响。对此，它在向外播散的同时，会随着时间的推移，其波及影响会逐渐降低。与此同时，勘测在三个位置进行检测，通过测量的影响程度及三个位置的实际距离分析微小地震的实际情况、震源位置等。微地震检测技术则主要是对生产过程中所出现的微小地震进行研究与勘测，并利用勘测、研究结果作为依据预测开采活动及结果。这样的方式与常规的地震勘测不同，微地震检测技术会涉及发生时间、强度、方向、范围等。

在水力压裂过程中，地层原有应力受到压裂作业干扰，使得射孔位置处出现应力集中现象，导致应变能量升高，井筒压力迅速升高，当压力大于岩石的抗压强度时会导致岩石破裂变形，进而形成裂缝扩展，在应力释放过程中一部分能量会以地震波的形式向四周传播，进而形成微地震。微地震一般发生在裂缝之类的断面上，通常裂缝范围为1 ~ 10 m，频率范围一般为200 ~ 1500 Hz，持续时间较短，通常小于15 s。微地震在地震记录上具有以下特点：地震能量越弱其地震频率越高，持续时间越短破裂长度也越短。微地震监测水力压裂通过监测站收集被检测井在水力压裂过程中产生的微地震波，并对收集到的微波信号进行处理解释，根据直达波的时间确定震源具体位置。

目前微地震解释主要用于以下几个方面。

（1）分析微震事件出现的空间展布，计算裂缝网络方位、长度、宽度、高度；

（2）随着压裂施工的进行，破裂事件不断发生，解释破裂事件出现的速率与压裂施工曲线的对应关系；

（3）根据微震事件出现的空间位置，结合地震剖面、测井资料，解释裂缝扩展与地层岩性、构造相互关系；

（4）评估压裂产生的解析。

二、微地震监测水力压裂技术难点与技术对策

（一）难点分析

（1）在实时监测中，一般需要检验速度模型的合理性，但是，现场实时监测中调整模型的难度较大；

（2）在监测过程中，对于信噪比低的事件，自动识别程序难以自动识别；

（3）在监测过程中，可能有个别事件明显偏离它的真实位置，以及个别事件P波和S波初至时间的自动拾取结果不合理，对现场实时处理带来一定的影响。

（二）技术对策

（1）根据声波速度测井、自然伽马测井资料、录井资料及钻井地质设计中的地质分层信息，分析纵向上的岩性变化，合理划分速度界面，使误差降到最低，并在后续工作中修改并完善速度模型；

（2）分析微震信号过滤器参数的合理性，调动参数，降低自动识别门槛，并进一步手动加以识别；

（3）应用不同的反演定位方法，测试各种方法在该区域实时处理并确保定位的有效性。

三、微地震监测应用

在A地区选取了5口水平井进行微地震监测。

统计各水平井有效监测范围内的裂缝扩展形态参数，并与单段总液量、总沙量、储层改造体积对比。发现裂缝扩展与施工规模存在以下几条规律。

（1）裂缝网络长200～250 m，裂缝网络宽60～100 m，裂缝网络高27～35 m；

（2）裂缝长宽高与单段液量相关性较强，单段液量为1000～1200 m³为最佳；

（3）裂缝长宽高与单段砂量相关性较弱；

（4）储层改造体积大小与单段总液量及总砂量都有影响。单井比较，改造体积与单段液量相关性强，单段液量1000～1200 m³为最佳。各井相互比较，改造体积与单段砂量相关性强，单段砂量应保证80 m³以上；

（5）A地区百口泉组砂砾岩储层改造，由于地层疏松，微地震信号能量较弱且衰减较快。而且实际施工中各段施工压力较高，实际施工排量很难达到设计排量10 m³/min。各方面因素综合导致微地震监测定位信号较少、监测效果不佳。根据不同距离下微地震事件能量的强弱对比，建议A地区开展微地震井中监测选择监测井时，优选监测距离在500 m以内的井开展监测。

（一）水力压裂裂缝监测

随着水力压裂可能会导致层厚不够的层面出现裂缝，从而形成横向断层、层理面等，其开发过程中的稳定性将会受到严重影响，极容易出现剪切滑动等现象的发生，最终形成微天然地震或者微地震等现象。微地震引发出的弹性波频率非常高，几乎所有在波及范围之内的设备，都会受到影响，还可能导致油气勘探中所使用的传感设备出现故障，从而使这些设备所检测出的数据出现明显差异。

使用光缆将三分量实时采集检波器分别放在压裂井旁的随意一个邻近井中，对井底的储层厚度进行测量，依据这样的测量方式能够有效地检测裂缝段岩石的张性、破裂程度，即破裂的微裂隙层所引发的微地震信号会受到阻截，从而使设备获得裂缝的长度、高度、位置、对称性等空间具体情况。

在储层出现压裂情况时，岩石会随着裂缝而出现损坏的可能性，此时裂缝的周边便会出现微地震。在微地震出现之后，便可以采集微振波的信号，并对微振波信号进行整体分析，最终便可以得出微地震震源的具体位置，从而得出储层裂缝的实际裂缝大小、裂缝位置及裂缝时间等，给之后的操作提供可靠依据。微地震能够对储层出现压裂时，裂缝所影响的范围、裂缝的发展情况进行及时、有效的信息检查，进而更有实际依据地对压裂工程进行评估，进而给之后的压裂方案提供可靠依据，从而提升压裂效果，这对低渗透油气勘探开采有着非常重要的意义。

（二）利用微地震检测技术对水驱前缘进行检测

如果油气藏发生漏水、渗水也可能发生微地震，此时，利用微地震对水驱前缘进行监测，从而尽快发现油气藏的渗水范围、渗水位置及渗水流动方向等实际数据。在进行检测之前，可以对渗漏水井停注数小时，最终使上述的微裂缝闭合。在微裂缝闭合之后，将其打开，再注水时，将有可能出现流动压力前缘及孔隙流体压力，从而形成压力影响，之后便会发生微地震，形成微震波，此时微裂缝便会重新开裂，进而发生新微裂缝，引发微地震。

（三）火烧油层检测

火烧油层主要在稠油开采中，因为原油的黏稠度较大，其无法在地层有效流动。在往稠油层内充入空气之后，燃烧掉一小部分原油，这样能够使剩余的稠油的温度升高，稠油黏稠度将会极大的降低，进而使其能够顺利在油井当中流动。用燃烧的手段处理稠油必须知道前缘位置，以及燃烧可能会影响的最大范围。如果燃烧波及的范围及温度设计的过低，便会出现多次的燃烧操作，从而形成资源的浪费。但是如果燃烧的选取范围过大，则会直接导致资源浪费。由此可见，准确的判定燃烧的范围及前缘位置尤为重要，这对能源节约及稠油开采都有实际意义。

（四）地应力监测

从当前的研发技术分析可知，地应力场对天然的油气注水开发有着一定的主导性作用，对井网优化、人工压裂裂缝有着决定性影响。依据地应力指数得出能够影响地层破裂的压力值，也可以成为注水压力的设计依据，利用地应力测量的方式研究地应力场，利用微地震源分析出孔隙度、地应力及渗透率之间存在的关系比值，从而获得油气运动及地应力之间的关系和油气田目前的剩余油量及油田的高低产区储层位置等。

油气行业是我国经济的核心组成部分，其能够持续、稳定的安全生产尤为重要，油气安全开发的先决条件必然是有效的、可靠的勘探技术。微地震在页岩气勘探当中有着良好的应用效果及应用前景，其研究结果说明地震勘探技术的发展前景非常宽广。微地震的处理及数据采集必须依靠可靠的观测系统进行设计。相关工作者可以依据本节所描述的多种应用方法，提升微地震在油气勘探开发过程中的引用效果。

第六节　甲烷检测报警仪的应用

基于JCB4便携式甲烷（简称JCB4检测报警仪）检测报警仪的工作原理、功能及特点，分析JCB4检测报警仪在应用中常出现的问题及其解决措施，提出JCB4检测报警仪在现场使用时应掌握的安全措施。该检测报警仪作为一种新型的甲烷检测仪表，性能指标逐步完善，无论是技术指标还是检测精度，都不比光干涉式甲烷检测仪器逊色。

甲烷检测报警仪是我国煤矿安全监测装备中重要的一种仪器，其质量和技术性能的高低对矿井提高抗灾能力，保障煤矿安全生产和矿工的生命安全关系重大，目前煤矿普遍使用的便携式甲烷检测仪，虽然种类多，原理却大同小异，都不同程度存在诸如功能单一、体积大、功耗高、工作时间短、性能不稳定等不足之处，特别是机械电位器调零和校准误差大，电池过充、放电等问题也亟待解决。所以改进JCB4检测报警仪的性能、开发多功能的新型便携式矿井监测仪器是我们十分迫切的任务。目前，较为先进的JCB4检测报警仪是基于PIC16LF871单片机来进行设计的，其克服了传统装置存在的弊端，实现了装置向低成本、低功耗、智能化方向的发展。

一、JCB4检测报警仪的工作原理

JCB4检测报警仪由单片机进行控制和管理。R1、R2组成充电检测电路，单片机PC3口和Q1、Q2等组成充电控制驱动电路；R6、R7和PC0口等组成电压检测电路；Q3、Q4、S1、S2、PB0口等组成电源开关电路；U1为电源稳压器，为甲烷检测桥路提供稳定的2.0 V工作电源；U2B为甲烷检测桥路提供模拟信号放大，放大后的模拟信号送入单片机的PC2口（10位ADC），经单片机数据处理后，由三位LED数码显示其有效值。

二、JCB4检测报警仪的功能及特点

JCB4检测报警仪是采用MICROCHIP公司生产的PIC16LF871单片机进行控制、调节的，它可以准确地检测出周围空气中甲烷气体的含量，该仪器上面有三位LED数码显示器，对测量的有效值进行显示。该报警仪是针对煤矿开采专用的甲烷气体检测装置，能够持续地监测甲烷气体浓度的变化，一旦甲烷气体的浓度超过警戒值，该仪器能够自动的发出声、光报警信号。其主要特点是：方便携带，煤矿井下的作业人员可以随身携带；具备超限报警及甲烷气体超浓度保护传感器的功能，同时实现了一键式调节仪器的零点、报警值、标定点等功能。

三、JCB4检测报警仪应用中常出现的问题及解决措施

（1）开不了机。晶体损坏，用万用表测晶体两端应有电压。若无电压则更换晶体，电池无电，测电池块输出，应有3.5 V以上电压，否则充电，单片机坏，更换单片机。

（2）显示不准或显示不稳。供电问题，测单片机20脚应为2.9 V电压，开机后测量元件工作电压应为2.9 V，不符则换稳压器4 V；元件故障，在6项处理方法正确时，换催化元件。

（3）精度调整不了。元件灵敏度低，更换催化元件。

（4）不报警。喇叭坏了，长按键，若无报警声则是喇叭损坏，请更换；报警值设得过高，则需重设。

（5）待机时间短。测量整机电流是否正常，若整机电流为100 mA左右，则更换电池，否则为线路板故障。

（6）仪器发热显示暗淡。单片机端口死锁，则短路仪器的两个充电触点2 min，然后插在充电器上充电1 min。

（7）异常报警。零点偏负，重新校对零点；电压低于3.4 V，充电。

四、JCB4检测报警仪在现场使用时应掌握的安全措施

为保障JCB4检测报警仪的安全使用、正确调试与维护，因此使用前应该进行相关安全使用措施的学习。

（1）鉴别JCB4检测报警仪应进行及时充电的几种情况：当工作中的报警仪的欠电压指示灯"Low"亮起时，应该立刻关闭报警仪，对其进行充电；当报警

仪因为欠电压造成断电时，应该立即对其进行充电；当报警仪的电量低于60%而不足以维持一个班次的工作时，应该对其进行充电。

（2）JCB4检测报警仪在每次使用前都应该检查仪器的零点是否准确，如果不准确则需要一键调零。

（3）管理人员应该对正常使用的JCB4检测报警仪进行定期的灵敏度与报警值的校准，校准每月至少一次。经过检修后的JCB4检测报警仪必须对所有的参考值进行调整，调整准确后才能投入使用。

（4）JCB4检测报警仪的调整、校验、充电和维修均应在地面安全环境下的清洁空气中进行，严禁在井下环境中拆卸本报警仪、更换部件和进行充电。为保证JCB4检测报警仪的防爆性能，使用中应防止剧烈碰撞。

（5）JCB4检测报警仪配带使用时应尽量保持其平衡（即垂直）状态。

（6）JCB4检测报警仪使用时应尽量处于测试点的上方。

（7）JCB4检测报警仪使用时应悬挂在离地面1.5 m以上，无泥水滴漏的空间，悬挂地点不远离施工作业点，并使作业人员能看见屏幕示值和听到报警声响，一般情况下报警仪离作业人员的距离不超过10 m。

（8）在氧气浓度低于15%的贫氧地区或含有硅蒸汽的场所不要使用本仪器，否则甲烷元件会产生较大的负误差。

（9）JCB4检测报警仪较长时间在含有硫化氢地区使用时，会使甲烷元件中毒，使示值下降，在该场所不要使用本报警仪。如果发现JCB4检测报警仪有轻微中毒现象应立即停止使用。在清洁空气中断电静置8～10 h后，JCB4检测报警仪仍可正常使用。

（10）JCB4检测报警仪需由经过一定时间培训的人员使用，使用时必须带动物皮套。

JCB4检测报警仪具有体积小、显示直观、携带方便、应用灵活等优点，因此可在煤矿井下所有施工作业场所使用。它不仅能随时显示甲烷浓度，还能在甲烷浓度超限时，发出声、光报警，能起到随时监测甲烷浓度、保证安全的作用。它与安全监控系统中的甲烷传感器二者优势互补，相辅相成，在矿井中构筑了一道瓦斯检测网，对及时掌握瓦斯变化规律、流动人员安全防护、保障安全生产起到了至关重要的作用。

五、分布式多点激光甲烷检测系统

针对传统甲烷检测系统存在的易受环境影响、检测精度低、稳定性差等问题，基于可调谐半导体激光吸收光谱技术和空分复用技术，设计了一种分布式多点激光甲烷检测系统。该系统采用波长1653.7 nm的分布式反馈半导体激光器作为光源，利用谐波检测法得到二次谐波和一次谐波信号幅值比来反演甲烷浓度，采用1分8光分束器，并结合参考气室实现多个测点甲烷浓度的实时检测。在实验室环境下对该系统进行了测试，结果表明该系统测量准确性高、稳定性好，可实现10 km内测点的有效覆盖，在2.0%～85.0%甲烷浓度范围内，系统测量误差小于2%。

在中国煤矿安全事故中，瓦斯爆炸伤亡人数占所有事故的50%以上。甲烷是易燃易爆气体，是煤矿瓦斯的主要成分。利用可靠、实时的传感装置对甲烷浓度进行准确、及时地检测非常重要，是确保煤矿安全生产的必要措施。

传统甲烷检测系统主要采用载体催化、热释电原理和红外原理，即基于载体催化原理的甲烷检测系统存在易受其他气体影响、检测范围窄、稳定性差等问题；基于热释电原理的甲烷检测系统存在受环境温度影响大、检测精度低、稳定性差等问题；基于红外原理的甲烷检测系统存在易受烷烃气体干扰、受水气影响大、稳定性差等问题。与传统甲烷检测系统相比，基于激光原理的甲烷检测系统具有测量灵敏度高、稳定性好、抗干扰性强等优势，正逐步应用于煤矿、城市管道等环境中的甲烷浓度检测。但激光器价格昂贵，很大程度上限制了激光甲烷检测系统的推广应用。本节利用可调谐半导体激光吸收光谱技术和空分复用技术，设计了一种分布式多点激光甲烷检测系统，可实现多个区域位置甲烷浓度的精确检测。

光波多点复用技术将光波耦合进一根光纤，再针对不同空间分布或不同气体的测点，通过时间、波长、频率等特征量实现对不同测点被测量的信号幅值和空间位置的提取。根据寻址方式的不同，将光波多点复用技术分为空分复用、时分复用、频分复用等多种方式。空分复用是利用光分束器分光，结合多个光电探测器对每路待测光信号进行检测的；时分复用是利用光开关分时对每路待测光信号进行检测的；频分复用是对同一传输光路中的光波信号按调制频率差异进行分段提取检测的。在综合考虑性能和现场应用的基础上，选用空分复用技术，其优点为空间选址结构和控制过程简单，各支路相对独立无串扰，复用的测点数量由激光器能量及光路损耗决定，可实现大量测点的复用。

分布式多点激光甲烷检测系统主要由分布式激光甲烷监测主机、双芯导光光缆和气体探测模块组成。该系统采用分布式反馈（distributed feedback，DFB）半导体激光器，根据Hitran光谱数据库，设定激光器中心波长为1653.7 nm，甲烷对该波长的光波吸收率较强，可避免水气和其他烷烃气体的干扰。激光器在驱动和温控模块控制下，出射特定光谱的激光光波。光波经1分8光分束器后，转换成8路光波，再经过导光光缆传输至甲烷测量气室（待测点）。光波被甲烷按比例吸收后，携带信息的光波由测量气室中的光纤准直器耦合进导光光缆，并由光电检测模块中的InGaAs光电探测器将光信号转换成电信号，再经过电信号处理模块进行放大、滤波、锁相、互相关等，从而得到待测信号的一次谐波和二次谐波波形，再经数值分析反演得到待测甲烷浓度。为提高系统稳定性，系统内置甲烷浓度恒定的参考气室作为参考光路，用于自动锁定激光器出射光波的中心波长，并根据解算的参考气室内甲烷浓度对系统检测值进行实时修正，从而实现系统免标校功能。

分布式多点激光甲烷检测系统由于激光光谱单色性好，只对特定光谱产生反应，因此避免了环境中水气、粉尘的干扰。采用参考气室对激光器进行稳频，可实现系统自动校准，保证系统的长期稳定性；采用1分8光分束器，并结合参考气室进行7个测点甲烷浓度的实时检测，降低了成本。测试结果表明，该系统具有测量精度高、稳定性好等特点，能够满足煤矿现场多点甲烷浓度实时检测的需求。

六、火星甲烷检测仪识别天然气泄漏

世界上最简单、最古老的生物体之一——甲烷细菌，是一种单细胞原生生物，其出现于大约30亿年前，属于厌氧微生物，主要存活于动物肠道、湿地、沼泽、未经处理的污水、海底沉积物、河湖淤泥、水稻田等与氧气隔绝的环境中，由于代谢会产生和释放甲烷而得名。

2003年，美国国家航空航天局（NASA）的科学家探测到火星大气中存在甲烷气体。考虑到甲烷细菌在严格厌氧环境中的生存能力，科学家认为，这有可

能是火星上存在甲烷细菌等生命的有力证据。但是，火星大气中的甲烷气体也可能是由于火山等地质的物理化学反应过程形成的，因此，现场确认这些甲烷气体的存在，并确定其来源，是确定火星上目前，以及曾经是否存在生命的关键一步。21世纪初，在火星科学实验室（MSL，也称为"好奇"号火星探测器）的研制过程中，NASA喷气推进实验室（JPL）的工程师开始研发一种能够检测甲烷及其同位素，以及二氧化碳和水的设备。该设备计划作为"好奇"号火星探测器搭载的火星样品分析仪（SAM）所要配备的三大气体分析仪之一，将用于火星大气分析。

该设备被称为可调谐激光光谱仪（TLS）。首先，该设备上设置有一个气体入口，探测器周围的空气，以及从探测器获得的固体样品转化而来的气体可通过该入口进入TLS。然后，在TLS内部，可通过中红外激光束对气体进行分析。特定波长的光线会与甲烷等特定的气体分子产生共振，从而使光线被仪器吸收。这样，研究人员通过探测器测定通过样品后的光线强度，即可确定气体的成分。

NASA对开发激光和可调谐激光光谱仪技术的资金支持，使得该技术在地球和行星科学研究中也获得了应用。此前用于探测甲烷的室温激光器并不适用于火星探索任务，因为其仅能发射可见光或近红外光，而甲烷在可见光和近红外波段的吸收性很弱，所以，用于探测甲烷的传统的激光器为了捕捉更多的信号，仪器设备的外形尺寸都非常大。而这种设备对于空间和重量都非常珍贵的"好奇"号探测器来说是不可能被采用的。

作为替代方案，NASA喷气推进实验室微器件研究所自20世纪90年代早期开始研发带间级联激光器。在"好奇"号火星探测器开始研发时，该项技术已经足够成熟，以此为基础开发的一种分布式反馈激光器，可发射波长约为3.3μm的激光，非常适用于甲烷的检测。该激光器的效率较高，这也使得新开发的仪器具有较为紧凑的结构。这些特性使其成为TLS激光器的理想选择，并成功于2012年安装在SAM中发射升空。事实证明，该激光器制造技术也能够对地球上的能源领域产生重要的影响，也是改进能源领域效能的一种重要的工具。

天然气的主要成分是甲烷，甲烷不仅是微生物可能存在的标志，也是导致全球气候变暖的温室气体之一。美国环境保护局的数据显示，甲烷是世界上第二大温室气体，而地下天然气输送管道泄漏是造成甲烷排放的主要原因。工业界研究开发了多种方法来检测甲烷气体的泄漏，但传统的甲烷检测装置具有体积庞大、灵敏度低等缺点。美国太平洋燃气和电力公司（PG&E）的发言人海利·威尔逊称，不论刮风下雨，天然气管道检测人员每天都要在周围区域进行管道检测，传统的甲烷检测装置体积庞大、结构笨重，不方便携带。此外，传统的甲烷检测装置灵敏度较低，只有检测装置已经非常接近泄露源时，装置才会发出警报，工作效率和安全性均较低。而如果采用灵敏度较高的仪器装置，其体积就将非常轻小，但需要安装在车辆上使用，因此这种装置不适用于草坪、庭院，以及其他车辆无法靠近的场所的甲烷泄漏检测。

为了克服上述缺点，减少天然气泄漏导致的温室气体排放，2013年，国际管道研究协会（PRCI）和喷气推进实验室联合发起了一项有偿太空法案协议，致力于将带间级联半导体激光器安装在手持甲烷检测设备中。据悉，PRCI是一家由能源企业联合发起成立的研究组织。PG&E、南加利福尼亚天然气公司和雪佛龙公司等企业都参与了直接投资。

2013 ~ 2014年，喷气推进实验室的科学家以TLS为模板，成功研制出了一款小型光谱仪。该光谱仪主要在地球上使用，无须使用为太空应用专门开发的零部件，因此，其设计更为灵活，尺寸也更小。该设备由PG&E进行了测试，并进行了多次改进，进一步提高了设备的使用舒适性和实用性。2014年末，喷气推进实验室完成了手持甲烷检测仪的设计。目前，该设备已完全具备了商业化条件。

该手持甲烷检测仪获得了现场检测人员的关注和赞誉。其类似于简单的金属探测器，轻巧方便，非常便于手持使用。而传统的甲烷检测仪短小、笨重，需要置于特定的角度才能工作。此外，该手持甲烷检测仪的灵敏度显著优于此前的手持仪器。采用NASA技术的新型检测仪的检测灵敏度为8 ~ 10，比传统手持检测仪的灵敏度提高了100倍，因而更易于发现微小的甲烷泄漏源。

此外，在该手持甲烷检测仪原型开发阶段的一项关键创新技术——以语音方式读取浓度值，也进一步提高了甲烷检测的效率。与传统的警报提示声相比，该设计更容易被使用者接受，而且更适用于对声音的音调和音量大小不太敏感的人员。

对于PG&E而言，该项技术的开发与应用取得了成功。采用这种新型的甲烷检测仪，工作人员能够更简便、快速地查找到泄漏源，提高了安全性，减少了温室气体排放。此外，支持能源领域的创新是PG&E的重要目标之一，该公司也为可以使用用于火星探索的技术来完成甲烷泄漏检测感到非常高兴。

七、光干涉甲烷检测器的光路改进与零点补偿

光干涉甲烷检测器具有稳定可靠性强、测量范围宽等优点，但现有设备都采用人工读数方式，自动化程度低，不能连接到煤矿监控系统。针对该问题，人们提出了一种基于测量干涉条纹光强的改进方法。通过改进光路设计，保证了甲烷体积分数与光强变化之间对应关系的唯一性。使用光电元件采集干涉条纹，根据干涉条纹的光强变化得到甲烷体积分数。针对光干涉甲烷检测器的零点受外界环境因素影响而发生漂移的问题，首先通过理论分析得到外界气压与测量误差之间的关系模型，并使用该模型对外界气压变化进行补偿；其次由实验得到温度与测量误差之间的关系，采用线性插值方法建立温度补偿模型；最后通过精度实验、压强实验、温度实验和长期稳定性实验验证了所设计的补偿模型的有效性和系统的稳定性。

目前国内煤矿井下使用的甲烷检测设备主要有催化燃烧型、光干涉型、气敏半导体型、红外吸收型等，不同类型的气体传感器具有不同的特点及其自身优势，分别适用于不同的应用场合。与其他类型瓦斯检测器相比，光干涉式甲烷检测器（简称传统光瓦）具有良好的安全可靠性、准确性和稳定性等特点，在煤矿井下得到了广泛的应用。但传统光瓦存在读数不直观、不能存储数据、无法自动超限报警，受外界温度和压强影响等缺点，导致其不能接入煤矿安全监控系统，不能长期在井下使用。

为了提高传统光瓦的自动化程度，适应煤矿安全监控的需要，国内学者进行了很多研究，这些研究集中在如何将对光干涉条纹移动量的测量转变成对电信号的测量。该问题的解决方案主要为两种：第一种，采用图像采集元件实时采集光干涉条纹，将采集的图像送入嵌入式处理器，与初始时刻的干涉图像进行比较，检测条纹中白基线与黑色条纹位置的移动量，然后将该移动量换算成当前的瓦斯体积分数。相关人员设计了一种光数一体双模式智能瓦斯检测方法，即保留传统光瓦的机械和光路系统，通过采用高精度分光棱镜，使干涉条纹一部分透过棱镜到达目测系统，另一部分由分光面发生折射，光路改变90°角照射在电荷耦

合元体（CCD）表面，然后通过测量干涉条纹移动量实现瓦斯体积分数的测量。采用互补金属氧化物（CMOS）摄像头进行视频采集，将连续移动变化的干涉图样输入嵌入式系统进行数字图像处理，获得干涉条纹的移动量，从而得到甲烷的体积分数，并用温度传感器采集环境温度实现对外界环境变化引起的测量误差的补偿。相关人员还设计了基于线阵CCD的嵌入式光干涉甲烷检测仪，即采用数字化求重心法确定CCD采集的干涉条纹的偏移距离。对使用CCD采集的干涉条纹通过二值化方法，将其0级亮条纹与初始图像的0级亮条纹位置对比，获得干涉条纹的移动量。第二种，采用光敏元件采集光干涉条纹，将光信号转换成电信号，然后对电信号采集，经变换处理后得到当前瓦斯体积分数值。采用半导体激光器作为光源，使用4个紧挨的光电池作为光信号接收元件，每个光电池分别接收相位差$\pi/2$的干涉信号，光电池输出电信号经过放大、倍频、比较等操作后输入到单片机，由单片机判断并计算体积分数的变化。将加工成栅条状阵列的硅光电池作为光敏元件，用激光器代替白炽灯作为光源，研制了一种可供煤矿井下应用的数字型光学瓦斯检定器，也是一种使用光敏电阻将光信号转换成电信号的方法。

以上改进方案都是采用了传统光瓦的光路系统，直接处理原始光路形成的干涉条纹，这造成了所完成系统体积较大；光路中参考气室通过盘管与外界大气相通，达到采样气室与参考气室的压强平衡的作用，但是长时间工作后，参考气室中的标准气体会受到污染，不再纯净，从而导致测量误差；并且上述研究中虽然考虑到温度对测量结果的影响，但都没有进行合理的补偿操作和实验验证。本节根据所存在的问题，首先对光路进行改进，缩小光路系统的整体体积，将盘管去掉，封闭参考气室，使其不再与外界大气相通；然后考虑环境温度和气压对测量结果的影响，进行合理的补偿操作；最后通过实验验证所设计的系统具有良好的精度和稳定性。

参考文献

[1] 任波．矿山机械设备故障诊断及维护措施[J]．中国新技术新产品，2012（24）：113．

[2] 樊明，孟庆林．煤矿机械设备的使用维修和故障诊断[J]．煤矿机械，2013，34（1）：280-282．

[3] 李善来，马贡宝，胡海滨．浅析矿山机械设备的故障诊断与维修[J]．科技致富向导，2015（18）：165．

[4] 严栓柱．故障诊断技术在矿山机械设备维修中的应用[J]．河南科技，2014（4）：128-129．

[5] 许卫国．矿山机械设备的故障诊断与维修保养[J]．科学与财富，2013（7）：193-194．

[6] 李树明．螺杆式空压机在煤矿生产中的应用[J]．科技与生活，2012（1）：150-151．

[7] 程晋凯．浅析矿用空压机的发展趋势[J]．科技与企业，2012（4）：123．

[8] 李剑峰．矿山空气压缩机的研究与应用实践[J]．矿业装备，2012（12）：96-99．

[9] 琚和森，黄寿元．冬瓜山铜矿大团山采区通风系统优化改造[J]．现代矿业，2013，29（7）：98-100．

[10] 梁国喜．范各庄矿超复杂通风系统仿真研究与应用[J]．内蒙古煤炭经济，2010（6）：84-86．

[11] 祝恩勇．基于MVSS仿真的陈四楼煤矿通风系统优化设计[J]．现代矿业，2013，29（1）：91-93．

[12] 陈宜华，唐胜卫．冶金矿山矿井多级机站通风技术节能分析[J]．现代矿业，2011，27（10）：100－102．

[13] 刘正全，肖兴明，陈旭忠，等．基于AVR单片机的瓦斯浓度检测仪的设计[J]．矿山机械，2007（10）：146－148．

[14] 倪涛．基于单片机的矿井瓦斯检测报警系统 [J]．煤矿机械，2010，31（12）：201－204．

[15] 王建，张春丽，核畅，等．智能红外瓦斯检测仪的研制[J]．矿山机械，2008（2）：31－33．

[16] 王松德，张栓记，胡敏．可燃气体泄漏语音提示器的设计[J]．矿山机械，2007（3）：101－103．

[17] 张申，丁恩杰，徐钊，等．物联网与感知矿山专题讲座之一 ——物联网基本概念及典型应用[J]．工矿自动化，2010，36（10）：104－108．

[18] 沈苏彬，范曲立，宗平，等．物联网的体系结构与相关技术研究[J]．南京邮电大学学报（自然科学版），2009，29（6）：1－11．

[19] 孙继平．煤矿井下人员位置监测技术与系统[J]．煤炭科学技术，2010，38（11）：1－5．

[20] 刘程，赵旭生，李明建，等．瓦斯灾害预警技术及计算机系统建设综合解决方案[J]．矿业安全与环保，2009，36（S1）：60－63．

[21] 王和平．甲烷检测报警仪的设计[J]．黑龙江科技信息，2013（10）：65．

[22] 张东．便携式甲烷检测报警仪设计[J]．煤矿安全，2013，44（12）：107－109．

[23] 陈庆陆，柳增运．便携式矿用瓦斯检测系统设计[J]．山西电子技术，2011（1）：25－26．

[24] 黄涛．矿用便携式甲烷报警仪市场恶性竞争问题浅析[J]．煤炭经济研究，2011（8）：100－102．